中等职业教育国家规划教材
全国中等职业教育教材审定委员会审定

计算机原理
（第5版）

王书增　段　标　张柏君　主　编

李宇鹏　主　审

电子工业出版社.

Publishing House of Electronics Industry

北京·BEIJING

内 容 简 介

本书为中等职业教育国家规划教材，以教育部颁布的"计算机原理"课程教学大纲为依据编写。本书以计算机基本原理为重点，其主要内容包括数字设备中数和字符的表示方法、计算机系统的组成、中央处理单元、存储系统、总线系统、输入/输出系统、外部设备和学习指导与练习。

本书是《计算机原理（第4版）》的修订版。本书既可作为职业院校计算机类专业的教材，也可作为计算机爱好者的参考书。

为方便教学，本书还配有电子教学参考资料包，详见前言。

未经许可，不得以任何方式复制或抄袭本书之部分或全部内容。

版权所有，侵权必究。

图书在版编目（CIP）数据

计算机原理 / 王书增，段标，张柏君主编. —5 版. —北京：电子工业出版社，2020.11

ISBN 978-7-121-39962-6

Ⅰ. ①计⋯ Ⅱ. ①王⋯ ②段⋯ ③张⋯ Ⅲ. ①电子计算机—中等专业学校—教材 Ⅳ. ①TP3

中国版本图书馆 CIP 数据核字（2020）第 225629 号

责任编辑：罗美娜
印　　刷：涿州市京南印刷厂
装　　订：涿州市京南印刷厂
出版发行：电子工业出版社
　　　　　北京市海淀区万寿路 173 信箱　邮编　100036
开　　本：787×1 092　1/16　印张：11.75　字数：403.2 千字
版　　次：2002 年 6 月第 1 版
　　　　　2020 年 11 月第 5 版
印　　次：2021 年 11 月第 3 次印刷
定　　价：36.00 元（附试卷）

凡所购买电子工业出版社图书有缺损问题，请向购买书店调换。若书店售缺，请与本社发行部联系，联系及邮购电话：(010) 88254888，88258888。

质量投诉请发邮件至zlts@phei.com.cn，盗版侵权举报请发邮件至dbqq@phei.com.cn。

本书咨询联系方式：(010) 88254617，luomn@phei.com.cn。

前言

  "计算机原理"课程是中等职业学校计算机应用专业的一门主干专业基础课程，其任务是使学生掌握必要的计算机硬件和软件知识，掌握微型计算机组成结构和各部件的工作原理，了解指令系统及计算机系统常见的外围设备的功能和使用方法，为学生学习专业知识和提高技能、适应职业变化及继续学习打下基础。

  在学习本课程前应当掌握一种面向用户的高级程序设计语言及数字电路。

  为了适应当前中职教学所面临的实际状况，我们十分重视内容的取舍。对于重点内容必须讲透；可讲可不讲的坚决舍弃；应该了解的以讲清楚为度。

  本书可供64～72学时的课堂教学使用，有些章节的内容可根据不同的教学要求和计算机技术的发展进行适当的取舍及补充。

  本书由王书增、段标、张柏君主编，李宇鹏担任主审，李冰担任副主编，参加编写的人员还有王庭琛和王超。

  本书在编写过程中得到了各参编院校的大力支持，在此表示由衷的感谢。

  由于编者水平所限，书中难免有疏漏和不足之处。恳请广大读者和各位同仁不吝赐教。

  为了方便教师教学，本书还配有教学指南、电子教案及习题答案（电子版），请有此需要的教师登录华信教育资源网（www.hxedu.com.cn）注册后免费下载。

编 者

2020 年 3 月

第 1 章 数字设备中数和字符的表示方法

本章要点

➢ 掌握微型计算机的特点和发展。

➢ 掌握数字设备中数的表示方法和各种进制间数的转换方法。

➢ 掌握原、补、反码的概念。

➢ 初步掌握数字设备中常用的编码。

生活中随处可见数字设备的存在，如笔记本计算机、智能手机和各类穿戴设备等。这些被广泛应用的数字设备基本都源于计算机，尤其是源于微型计算机。针对计算机或微型计算机的数字化特性，在学习本章内容前需要强调以下两点。

➢ 计算机是数字设备的一种，它既有数字设备的基本属性，又有其独特的特点。

➢ 在数字设备中，0 和 1 是基本元素，与、或、非是基本运算，组合（逻辑）电路和时序（逻辑）电路是基本表现形式。

1.1 微型计算机概述

微型计算机是 20 世纪 70 年代初期发展起来的。它的产生、发展和壮大给人类社会带来了翻天覆地的改变。随着微型计算机的高速发展，单片微型计算机（单片机）、数字化智能设备、智能移动设备、嵌入式数字设备和网络服务器等新设备不断涌现。这些设备基本都脱胎于微型计算机。所以，从概念上弄清微型计算机的相关特点是十分重要的。

1.1.1 微型计算机的特点和发展

电子计算机通常按体积、性能和价格可以分为巨型机、大型机、中型机、小型机和微型计算机 5 类。从系统结构和基本工作原理上来看，微型计算机和其他几类计算机并没有本质的区别，所不同的是微型计算机广泛采用集成度比较高的器件和部件，因此微型计算机具有以下特点。

1. 体积小，质量轻

由于采用大规模集成电路（LSI）和超大规模集成电路（VLSI），所以微型计算机所包含的器件数目大为减少，体积也大为缩小。20 世纪 50 年代，占地面积上百平方米、耗电上百千瓦的计算机所能实现的功能，而现如今，内部只含几十片集成电路的微型计算机即已具备该能力。

2．价格低廉

如今的微型计算机价格不断下降，而性能却迅速提高。在我国，许多家庭已经购置了微型计算机。微型计算机进入家庭的时代已经到来。

3．可靠性高，结构简单

由于微型计算机内部元器件数目和连线比较少，所以它的可靠性较高，结构比较简单。

4．应用面广

现在，微型计算机不仅占领了原来使用小型机的各个领域，而且广泛应用于过程控制等新的场合。此外，微型计算机还进入了一些新领域，如测量仪器、仪表、教学部门、医疗设备和家用电器等。

由于微型计算机具有上述特点，所以它的发展速度大大超过了前几代计算机。自从 20 世纪 70 年代初第一个微处理单元诞生以来，微处理单元的性能和集成度几乎每两年提高一倍，而价格却降低一半。经过近 50 年的发展，微型计算机及其发展产品已经遍布社会的各个层面。

1.1.2　微型计算机的分类

人们可以从不同的角度对微型计算机进行分类。按机器组成分类，可将微型计算机分为位片式、单片式和多片式；按制造工艺分类，可将微型计算机分为 MOS 型和双极型。由于微型计算机性能很大程度上取决于核心部件即微处理单元，所以，最通常的做法是把微处理单元的字长作为微型计算机的分类标准。

1971 年，美国 Intel 公司生产了第一个微处理单元，型号为 Intel 4004。之后，出现了许多生产微处理单元的厂家。1973—1977 年，这些厂家生产了多种型号的微处理单元，其中设计最成功、应用最广泛的是 Intel 公司的 8080/8085、Zilog 公司的 Z80、Motorola 公司的 6800/6802 和 Rockwell 公司的 6502。在这个时期，微处理单元的设计和生产技术已相当成熟，配套的各类器件也很齐全。微处理单元集成度、功能和速度，以及增加外围电路的功能和种类这几个方面得到很大发展。

1978—1979 年，一些厂家推出了性能可与过去中档小型计算机相比的 16 位微处理单元。其中，具有代表性的 3 种芯片是 Intel 的 8086/8088、Zilog 的 Z8000 和 Motorola 的 MC68000。人们将这些微处理单元称为超大规模集成电路的微处理单元。

1980 年以后，半导体生产厂家在提高电路的集成度、速度和功能方面取得了很大进展，相继出现 Intel 80286、Motorola 68010 等 16 位高性能微处理单元。1983 年以后，又生产出 Intel 80386 和 Motorola 68020，这两者都是 32 位的微处理单元。

1993 年，Intel 公司推出 Pentium（奔腾）微处理单元，接着是 Pentium MMX（带多媒体指令的 Pentium 微处理单元）、Pentium Pro、Pentium Ⅱ 和 Pentium Ⅲ 相继问世。Pentium Ⅲ 的主频可达 450 MHz 以上，增加了浮点运算、并行处理、图像处理和接入互联网的功能。推出的 Pentium Ⅳ 微处理单元的主频已达 1.7 GHz 以上。

20 世纪最后的几年，微处理单元的发展迎来了新的高峰。不但有 3.0 GHz 以上的 Pentium Ⅳ 处理单元，还有专门面对网络服务器的"至强"处理单元，多核心的"酷睿""安腾"系列处理单元及适合笔记本计算机省电的"凌动"处理单元。微处理单元不但越来越快，而且接口种类也越来越多样，核心数、线程数都在不断提升。在今后的发展过程中，很多新技术将融入到处理单元的设计生产环节，会有更多种类的微处理单元以不同形式服务于社会。

1. 4 位微处理单元

最初的 4 位微处理单元就是 Intel 4004，后来改进为 4040。所谓 4 位即在一个芯片内集中了 4 位的 CPU、RAM、ROM、I/O 接口和时钟发生器。这种单片机价格低廉，但运算能力弱，存储容量小，存储器中只存放固定程序。

2. 8 位微处理单元

8 位微处理单元推出时，微型计算机技术已经比较成熟。因此，在 8 位微处理单元基础上构成的微型计算机系统，通用性较强，它们的寻址能力可以达到 64 KB，有功能灵活的指令系统和较强的中断能力。另外，8 位微处理单元有比较齐备的配套电路。这些因素使 8 位微型计算机的应用范围很宽，可广泛用于事务管理、工业控制、教育和通信等行业。常见的 8 位微处理单元有 Zilog 的 Z80、Intel 的 8080/8085、Motorola 的 6800/6802 和 Rockwell 的 6502。

3. 16 位微处理单元

16 位微处理单元不仅在集成度、处理速度和数据总线宽度等方面优于前几类微处理单元，而且在功能和处理方法上也得到了改进。在此基础上构成的微型计算机系统，在性能方面已经和 20 世纪 70 年代的中档小型计算机相当。

16 位微处理单元中最有代表性的是 Intel 8086/8088 和 Motorola 68000。以 Intel 8086/8088 为 CPU 的 16 位微型计算机 IBM PC/XT 是当时的主流机型。那时，它拥有的用户在计算机世界首屈一指，以至于在设计更高档的微型计算机时，都要保证与它兼容，这个习惯一直保持到今天。

4. 32 位微处理单元

32 位微处理单元的典型产品为 Intel 80386、Motorola MC68020。它们的主频率高达 20～40 MHz，平均指令执行时间为 0.05 μs。32 位微型计算机的投入使用，使微型计算机可以胜任多种任务，甚至当时一些人造卫星都采用 Intel 80386 作为其中央处理单元。由此可见，32 位微处理单元在当时的作用和地位。

5. 64 位微处理单元

64 位微处理单元指的是 CPU GPRs（General-Purpose Registers，通用寄存器）的数据宽度为 64 位。64 位指令集就是运行 64 位数据的指令，处理单元一次运行 64 位数据。

64 位微处理单元并非微型计算机专用，在高端的 RISC（Reduced Instruction Set Computing，精简指令集计算机）中很早就有 64 位处理单元了，如 IBM 公司的 POWER5、HP 公司的 Alpha 等。将 64 位微处理单元运用到移动设备上的还有 Apple 公司 2013 年上市的 iPhone5s、iPad Air 等。2014 年 Apple 公司推出的 iPhone6 和 iPhone6 Plus 也使用了 64 位处理单元，但更加优越的是，它们使用了 A8 64 位处理单元。Intel 公司的"安腾"和"酷睿"系列处理单元都有 64 位的。

1.2　数和数制

迄今为止，所有计算机都是以二进制形式进行算术运算和逻辑操作的，微型计算机和其他数字设备也不例外。因此，对于用户在键盘上输入的十进制数字和符号命令，微型计算机都必须先把它们转换成二进制形式进行识别、运算和处理，再把运算结果还原成十进制数字和符号在输出设备上显示出来。

虽然上述过程十分烦琐，但都是由微型计算机自动完成的。为了使读者最终弄清机器的这一工作原理，这里先对微型计算机中常用的数制和数制间数的转换进行介绍。

1.2.1　各种数制及其表示方法

所谓数制指的是数的制式，是人们利用符号计数的一种科学方法。数制是人类在长期的生存斗争和社会实践中逐步形成的。数制有很多种，微型计算机中常用的数制有十进制、二进制和十六进制 3 种。

1．十进制（Decimal）

十进制是大家很熟悉的进位计数制，它共有 0,1,2,3,4,5,6,7,8 和 9 这 10 个数字符号。这10 个数字符号又称为数码，每个数码在数中最多可表示两种含义的值。例如，十进制数 45中的数码 4，其本身的值为 4，但它实际代表的值为 40。在数学上，数制中数码的个数定义为基数，故十进制的基数为 10。

十进制是一种科学的计数方法，它所能表示的数的范围很大。十进制数通常具有如下两个主要特点。

➢ 十进制数有 0~9 十个不同的数码，这是构成所有十进制数的基本符号。
➢ 十进制数是逢 10 进位的。十进制数在计数过程中，当它的某位计满 10 时就要向它邻近的高位进 1。

因此，任何一个十进制数不仅和构成它的每个数码本身的值有关，而且还和这些数码在数中的位置有关。这就是说，任何一个十进制数都可以展开为幂级数形式。例如：

$$123.45 = 1\times10^2 + 2\times10^1 + 3\times10^0 + 4\times10^{-1} + 5\times10^{-2}$$

式中，指数 $10^2, 10^1, 10^0, 10^{-1}$ 和 10^{-2} 在数学中称为权，10 为它的基数；整数部分中每位的幂是该位位数减 1；小数部分中每位的幂是该位小数的位数。

一般地说，任意一个十进制数 N 均可表示为：

$$N = \pm\,(a_{n-1}\times10^{n-1} + a_{n-2}\times10^{n-2} + \cdots + a_0\times10^0 +$$
$$a_{-1}\times10^{-1} + a_{-2}\times10^{-2} + \cdots + a_{-m}\times10^{-m})$$
$$= \pm\sum_{i=n-1}^{-m} a_i \times10^i$$

式中，i 为数中任一位，是一个变量；a_i 为第 i 位的数码；n 为该十进制数整数部分的位数；m 为小数部分的位数。

2．二进制（Binary）

二进制比十进制更为简单，它是随着计算机的发展而兴旺起来的。二进制数也有如下两个主要特点。

> 二进制数共有 0 和 1 两个数码，任何二进制数都是由这两个数码组成的。
> 二进制数的基数为 2，它奉行逢 2 进 1 的进位计数原则。

因此，二进制数同样也可以展开为幂级数形式，不过内容有所不同罢了。例如：

$$10110.11 = 1 \times 2^4 + 0 \times 2^3 + 1 \times 2^2 + 1 \times 2^1 + 0 \times 2^0 + 1 \times 2^{-1} + 1 \times 2^{-2}$$
$$= 1 \times 2^4 + 1 \times 2^2 + 1 \times 2^1 + 1 \times 2^{-1} + 1 \times 2^{-2}$$
$$= [22.75]_{10}$$

式中，指数 $2^4, 2^3, 2^2, 2^1, 2^0, 2^{-1}$ 和 2^{-2} 为权，2 为基数，其余和十进制数相同。

为此，任何二进制数 N 的公式为：

$$N = \pm (a_{n-1} \times 2^{n-1} + a_{n-2} \times 2^{n-2} + \cdots + a_0 \times 2^0 +$$
$$a_{-1} \times 2^{-1} + a_{-2} \times 2^{-2} + \cdots + a_{-m} \times 2^{-m})$$
$$= \pm \sum_{i=n-1}^{-m} a_i \times 2^i \quad (a_i \text{ 为 0 或 1})$$

式中，a_i 为第 i 位数码，可取 0 或 1；n 为该二进制数整数部分的位数；m 为小数部分的位数。

3．十六进制（Hexadecimal）

十六进制是人们学习和研究计算机中二进制数的一种工具，它是随着计算机的发展而被广泛应用的。十六进制数也有两个主要特点。

> 十六进制数有 0,1,2,…,9,A,B,C,D,E,F 16 个数码，任何一个十六进制数都是由其中的一些或全部数码构成的。
> 十六进制数的基数为 16，进位计数为逢 16 进 1。

十六进制数也可展开为幂级数形式。例如：

$$70F.B1 = 7 \times 16^2 + 0 \times 16^1 + F \times 16^0 + B \times 16^{-1} + 1 \times 16^{-2} = [1\,807.691\,4]_{10}$$

任意一个十六进制数 N 均可表示为：

$$N = \pm (a_{n-1} \times 16^{n-1} + a_{n-2} \times 16^{n-2} + \cdots + a_0 \times 16^0 +$$
$$a_{-1} \times 16^{-1} + a_{-2} \times 16^{-2} + \cdots + a_{-m} \times 16^{-m})$$
$$= \pm \sum_{i=n-1}^{-m} a_i \times 2^i \quad (a_i \text{ 为 } 0 \sim F)$$

式中，a_i 为第 i 位数码，取值为 $0 \sim F$ 中的一个；n 为该十六进制数整数部分的位数；m 为小数部分的位数。

为方便起见，现将部分十进制、二进制和十六进制数的对照表列于表 1.1 中。

表 1.1 部分十进制、二进制和十六进制数的对照表

整 数			小 数		
十 进 制	二 进 制	十 六 进 制	十 进 制	二 进 制	十 六 进 制
0	0000	0	0	0	0
1	0001	1	0.5	0.1	0.8
2	0010	2	0.25	0.01	0.4
3	0011	3	0.125	0.001	0.2
4	0100	4	0.0625	0.0001	0.1
5	0101	5	0.03125	0.00001	0.08
6	0110	6	0.015625	0.000001	0.04

续表

整　　数			小　　数		
十　进　制	二　进　制	十六进制	十　进　制	二　进　制	十六进制
7	0111	7			
8	1000	8			
9	1001	9			
10	1010	A			
11	1011	B			
12	1100	C			
13	1101	D			
14	1110	E			
15	1111	F			
16	10000	10			

　　在阅读和书写不同数制的数时，如果不在每个数上外加一些辨认标记，就会混淆而无法分清。通常，标记方法有两种：一种是把数加上方括号，并在方括号右下角标注数制代号，如$[101]_{16}$、$[101]_2$ 和$[101]_{10}$ 分别表示十六进制、二进制和十进制数；另一种是用英文字母标记，加在被标记数的后面，分别用大写字母 B、D 和 H 表示二进制、十进制和十六进制数，如 89H 为十六进制数，101B 为二进制数等。其中，十进制数中的 D 标记也可以省略。另外，在书写十六进制数时，若最高位是字母时，则必须在其前面加 0，以免与英文单词混淆。例如，F9H 应写成 0F9H。

　　在微型计算机内部，数的表示形式为二进制形式。这是因为二进制数只有 0 和 1 两个数码，人们采用二进制数可以很容易地表示晶体管的导通和截止、脉冲的高电平和低电平等。此外，二进制数运算简单，便于用电子线路实现。

　　人们采用十六进制数可以大大减轻阅读和书写二进制数时的负担。例如：

　　　　11011011B＝0DBH

　　　　1001001111110010B＝93F2H

1.2.2　各种数制间数的相互转换

　　微型计算机采用二进制数进行操作，但人们习惯于使用十进制数，这就要求机器能自动对不同数制的数进行转换。这里暂且不讨论微型计算机是如何进行这种转换的，先来看看数学上是如何进行上述 3 种数制间数的转换的。3 种数制间数的转换方法如图 1.1 所示。

1．二进制数和十进制数之间的转换

（1）二进制数转换成十进制数

　　二进制数转换成十进制数只要把欲转换的二进制数按权展开后相加即可。也可以从小数点开始每 4 位 1 组，然后按十进制的权展开并相加。例如：

　　　　$11010.01B＝1×2^4＋1×2^3＋1×2^1＋1×2^{-2}＝26.25$

或者　　$11010.01B＝1A.4H＝1×16^1＋10×16^0＋4×16^{-1}＝26.25$

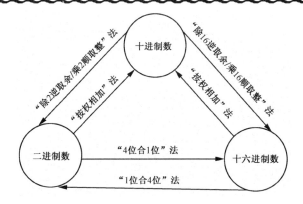

图 1.1　3 种数制间数的转换方法

（2）十进制数转换成二进制数

十进制数转换成二进制数的转换过程是上述转换过程的逆过程。但十进制整数和小数转换成二进制整数和小数的方法是不相同的，下面分别进行介绍。

① 十进制整数转换成二进制整数的方法有很多种，但最常用的是"除 2 逆取余法"。

"除 2 逆取余法"的法则：用 2 连续去除要转换的十进制数，直到商小于 2 为止，然后把各次余数按最后得到的作为最高位、最先得到的作为最低位，依次排列起来，所对应的数便是所求的二进制数。

【例 1.1】　试求出十进制数 215 的二进制数。

解：把 215 连续除以 2，直到商数小于 2 为止。相应竖式为：

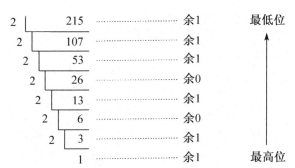

把所得余数按箭头方向从高到低排列起来便可得到：

215＝11010111B

② 十进制小数转换成二进制小数通常采用"乘 2 顺取整法"。

"乘 2 顺取整法"的法则：用 2 连续去乘要转换的十进制小数，直到所得乘积的小数部分为 0 或满足所需精度为止，然后把各次整数按最先得到的作为最高位、最后得到的作为最低位，依次排列起来，所对应的数便是所求的二进制小数。

【例 1.2】　试把十进制小数 0.6879 转换为二进制小数。

解：把 0.6879 不断地乘以 2，取每次所得乘积的整数部分，直到乘积的小数部分满足所需精度为止。其相应的竖式是：

$$
\begin{array}{r}
0.6879 \\
\times \quad\quad 2 \\
\hline
\end{array}
$$

1.3758 ·············· 取得整数1　　最高位

$$
\begin{array}{r}
0.3758 \\
\times \quad\quad 2 \\
\hline
\end{array}
$$

0.7516 ·············· 取得整数0

$$
\begin{array}{r}
\times \quad\quad 2 \\
\hline
\end{array}
$$

1.5032 ·············· 取得整数1

$$
\begin{array}{r}
0.5032 \\
\times \quad\quad 2 \\
\hline
\end{array}
$$

1.0064 ·············· 取得整数1　　最低位

把所得整数按箭头方向从高到低排列后得到：

0.6879D≈0.1011B

对同时有整数和小数两部分的十进制数，在将其转换成二进制数时，可以把它的整数和小数部分分别转换后，再合并起来。例如，把例 1.1 和例 1.2 合并起来便可得到：

215.6879≈11010111.1011B

应当指出，任何十进制整数都可以精确地转换成一个二进制整数，但任何十进制小数却不一定可以精确地转换成一个二进制小数。例 1.2 中的情况就是一例。

2．十六进制数和十进制数之间的转换

（1）十六进制数转换成十进制数

方法和二进制数转换成十进制数类似，即可把十六进制数按权展开后相加。例如：

$3FEAH=3\times16^{3}+15\times16^{2}+14\times16^{1}+10\times16^{0}=16362$

（2）十进制数转换成十六进制数

① 十进制整数转换成十六进制整数的方法和十进制整数转换成二进制整数的方法类似。十进制整数转换成十六进制整数可以采用"除 16 逆取余法"。

"除 16 逆取余法"的法则：用 16 连续去除要转换的十进制整数，直到商数小于 16 为止，然后把各次余数按逆次序排列起来，所得的数便是所求的十六进制数。

【例 1.3】　求 3901 所对应的十六进制数。

解：把 3901 连续除以 16，直到商数为小于 16 为止。相应竖式为：

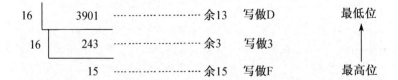

∴　3901＝0F3DH

② 十进制小数转换成十六进制小数的方法类似于十进制小数转换成二进制小数，常采用"乘 16 顺取整法"。

"乘 16 顺取整法"的法则：把欲转换的十进制小数连续乘以 16，直到所得乘积的小数部分为 0 或达到所需精度为止，然后把各次乘积的整数按相同次序排列起来，所得的数便是所

求的十六进制小数。

【例 1.4】　求 0.76171875 的十六进制数。

解：把 0.76171875 连续乘以 16，直到所得乘积的小数部分为 0。相应竖式为：

```
              0.76171875
        ×             16
      ─────────────────────
             12.18750000  ················  取整数12  写做C     最高位
              0.18750000                                        ↓
        ×             16
      ─────────────────────
              3.00000000  ················  取整数3   写做3     最低位
```

∴　0.76171875＝0.C3H

3．二进制数和十六进制数之间的转换

二进制数和十六进制数之间的转换十分方便，这就是为什么人们要采用十六进制数形式来表达二进制数的原因。

① 二进制数转换成十六进制数可采用"4 位合 1 位法"。

"4 位合 1 位法"的法则：从二进制数的小数点开始，分别向左向右每 4 位 1 组，不足 4 位的用 0 补足，然后分别把每组数用十六进制数码表示，并按序相连。

【例 1.5】　把 1101111100011.10010100B 转换为十六进制数。

解：

```
    0001   1011   1110   0011  . 1001   0100
    └─┘    └─┘    └─┘    └─┘     └─┘     └─┘
     1      B      E      3       9       4
```

∴　1101111100011.10010100B＝1BE3.94H

② 十六进制数转换成二进制数可采用"1 位分 4 位法"。

"1 位分 4 位法"的法则：把十六进制数的每位分别用 4 位二进制数码表示，然后把它们连成一体。

【例 1.6】　把十六进制数 3AB.7A5H 转换为二进制数。

解：

```
    3      A      B    .   7      A      5
    |      |      |        |      |      |
   0011   1010   1011  . 0111   1010   0101
```

∴　3AB.7A5H＝1110101011.011110 100101B

1.2.3　二进制数的运算

在微型计算机中，经常碰到的运算分为两类：一类是算术运算，另一类是逻辑运算。在算术运算中，可以对无符号数或有符号数进行加、减、乘、除运算；逻辑运算有逻辑乘、逻辑加、逻辑非和逻辑异或等。现分别加以介绍。

1．算术运算

（1）加法运算

二进制数加法法则如下。

0＋0＝0

1＋0＝0＋1＝1

1＋1＝10　　　　　　　　　（向邻近高位有进位）

1＋1＋1＝11　　　　　　　　（向邻近高位有进位）

两个二进制数的加法过程和十进制数的加法过程类似，现举例加以说明。

【例 1.7】　设两个 8 位二进制数 $X=10110110B$，$Y=11011001B$，试求出 $X+Y$ 的值。

解：$X+Y$ 可写成如下竖式：

$$
\begin{array}{r}
\text{被加数 } X \qquad 10110110B \\
\text{加数 } Y \qquad 11011001B \\
\hline
\text{和 } \quad X+Y \qquad 110001111B
\end{array}
$$

$\therefore$　$X+Y=10110110B+11011001B=110001111B$

两个二进制数相加时要注意低位的进位，且两个 8 位二进制数的和最大不会超过 9 位。

（2）减法运算

二进制数减法法则如下。

0－0＝0

1－1＝0

1－0＝1

0－1＝1　　　　　　　　　（向邻近高位借 1 当作 2）

两个二进制数的减法运算过程和十进制数的减法类似，现举例进行说明。

【例 1.8】　设两个 8 位二进制数 $X=10010111B$，$Y=11011001B$，试求出 $X-Y$ 的值。

解：由于 $Y>X$，故有 $X-Y=-(Y-X)$，相应竖式为：

$$
\begin{array}{r}
\text{被减数 } Y \qquad 11011001B \\
\text{减数 } X \qquad 10010111B \\
\hline
\text{差数 } \quad Y-X \qquad 01000010B
\end{array}
$$

$\therefore$　$X-Y=10010111B-11011001B=-01000010B$

两个二进制数相减时先要判断它们的大小，把大数作为被减数，小数作为减数，差的符号由两数关系决定。此外，在减法运算过程中还要注意低位向高位借 1 应看作 2。

（3）乘法运算

二进制数乘法法则如下。

0×0＝0

1×0＝0×1＝0

1×1＝1

两个二进制数相乘与两个十进制数相乘类似。用乘数的每一位分别去乘被乘数，所得结果的最低位与相应乘数位对齐，最后把所有结果加起来便得到积，这些中间结果又称为部分积。

【例 1.9】　设两个 4 位二进制数 $X=1101B$ 和 $Y=1011B$，试求出 $X\times Y$ 的值。

解：二进制数乘法运算竖式为：

$$
\begin{array}{r}
被乘数\ X\qquad 1101B \\
乘数\ Y\quad\times\qquad 1011B \\
\hline
1101 \\
1101 \\
0000 \\
1101 \\
\hline
乘积\qquad 10001111
\end{array}
$$

∴　$X \times Y = 1101B \times 1011B = 10001111B$

（4）除法运算

除法是乘法的逆运算。与十进制数类似，二进制数除法也是从被除数最高位开始的。其过程是先查找出够减除数的位数，在其最高位处上商 1，并完成它对除数的减法运算，然后把被除数的下一位移到余数的位置上。若余数不够减除数，则上商 0，并把被除数的再下一位移到余数的位置上；若余数够减除数，则上商 1，余数减除数。这样反复进行，直到全部被除数的各位都下移到余数位置上为止。

【例 1.10】　设 $X = 10101011B$，$Y = 110B$，试求 $X \div Y$ 之值。

解：$X \div Y$ 的竖式是：

$$
\begin{array}{r}
11100 \\
110\ \overline{\big)\ 10101011} \\
110 \\
\hline
1001 \\
110 \\
\hline
110 \\
110 \\
\hline
11
\end{array}
$$

∴　$X \div Y = 10101011B \div 110B = 11100B$ …余 11B

2．逻辑运算

计算机处理数据时常常要用到逻辑运算，逻辑运算是由专门的逻辑电路完成的。下面介绍几种常用的逻辑运算。

（1）逻辑乘运算

逻辑乘又称逻辑与，常用运算符"$\wedge$"表示。逻辑乘的运算规则如下。

$0 \wedge 0 = 0$

$1 \wedge 0 = 0 \wedge 1 = 0$

$1 \wedge 1 = 1$

两个二进制数进行逻辑乘运算，其方法类似二进制数的算术运算。

【例 1.11】　已知 $X = 01100110B$，$Y = 11110000B$，试求 $X \wedge Y$ 之值。

解：$X \wedge Y$ 的运算竖式为：

$$
\begin{array}{r}
01100110\text{B} \\
\wedge\quad 11110000\text{B} \\
\hline
01100000\text{B}
\end{array}
$$

∴　$X \wedge Y = 01100110\text{B} \wedge 11110000\text{B} = 01100000\text{B}$

（2）逻辑加运算

逻辑加又称逻辑或，常用运算符"$\vee$"表示。逻辑加的运算规则如下。

$0 \vee 0 = 0$

$1 \vee 0 = 0 \vee 1 = 1$

$1 \vee 1 = 1$

【例 1.12】　已知 $X = 00110101\text{B}$，$Y = 00001111\text{B}$，试求 $X \vee Y$ 之值。

解：$X \vee Y$ 的运算竖式为：

$$
\begin{array}{r}
00110101\text{B} \\
\vee\quad 00001111\text{B} \\
\hline
00111111\text{B}
\end{array}
$$

∴　$X \vee Y = 00110101\text{B} \vee 00001111\text{B} = 00111111\text{B}$

（3）逻辑非运算

逻辑非运算又称逻辑取反，常用运算符"‾"表示。逻辑非的运算规则如下。

$\overline{0} = 1$

$\overline{1} = 0$

【例 1.13】　已知 $X = 11000011\text{B}$，试求 $\overline{X}$ 之值。

∵　$X = 11000011\text{B}$

∴　$\overline{X} = 00111100\text{B}$

（4）逻辑异或运算

逻辑异或运算又称为半加，是不考虑进位的加法，常用运算符"$\oplus$"表示。逻辑异或的运算规则如下。

$0 \oplus 0 = 1 \oplus 1 = 0$

$1 \oplus 0 = 0 \oplus 1 = 1$

【例 1.14】　已知 $X = 10110110\text{B}$，$Y = 11110000\text{B}$，试求 $X \oplus Y$ 的值。

解：$X \oplus Y$ 的运算竖式为：

$$
\begin{array}{r}
10110110\text{B} \\
\oplus\quad 11110000\text{B} \\
\hline
01000110\text{B}
\end{array}
$$

∴　$X \oplus Y = 10110110\text{B} \oplus 11110000\text{B} = 01000110\text{B}$

1.3　有符号二进制数的表示方法及溢出问题

1.3.1　有符号二进制数的表示方法

计算机内的数分为无符号数和有符号数两种。无符号数可以理解为正整数，有符号数可以理解为正数和负数。计算机中，为便于识别，需将有符号数的正、负号数字化。通常的做法是用一位二进制数表示符号，称为"符号位"，放在有效数字的前面，用"0"表示正，用"1"表示负。有符号的二进制数在计算机中有 3 种表示形式，即原码、反码和补码。

1．原码、反码和补码的表示方法

（1）原码

在数值的前面直接加一符号位的表示法称为原码表示法。例如，数 +7 和 −7 的原码分别为：

$$
\begin{array}{ccc}
 & \text{符号位} & \text{数值位} \\
[+7]_原= & 0 & 0000111 \\
[-7]_原= & 1 & 0000111
\end{array}
$$

在这种表示法中，数 0 的原码有两种形式，即：

$$[+0]_原=00000000 \qquad [-0]_原=10000000$$

若字长为 8 位，则原码的表示范围为 −127～+127；若字长为 16 位，则原码的表示范围为 −32767～+32767。

（2）反码

正数的反码与原码相同；负数的反码，符号位仍为"1"，数值部分"按位取反"。例如，+7 和 −7 的反码分别为：

$$[+7]_反=00000111\text{B}=07\text{H}$$
$$[-7]_反=11111000\text{B}=\text{F8H}$$

在这种表示法中，数 0 的反码也有两种形式，即：

$$[+0]_反=00000000=00\text{H} \qquad [-0]_反=11111111=\text{FFH}$$

字长为 8 位和 16 位时，反码的表示范围分别为 −127～+127 和 −32767～+32767。

（3）补码

① 模的概念：把一个计量单位称为模或模数，用 M 表示。例如，时钟以 12 为计数循环，即以 12 为模。在时钟上，时针加上（正拨）12 的整数倍或减去（反拨）12 的整数倍，时针的位置不变。如 14 点钟在舍去模 12 后，成为（下午）2 点钟。从 0 点出发逆时针拨 10 格即减去 10 小时，也可看成从 0 点出发顺时针拨 2 格（加上 2 小时）即 2 点。因此，在模 12 的前提下，−10 可映射为 +2。再如在讨论三角函数时以 360° 为计数循环，即 410°−360°=50°。现实中还有许多以模为计数单位的例子。

计算机的运算部件与寄存器都有一定字长的限制，因此它的运算也是一种模运算。例如，计数器在计满后会产生溢出，又从头开始计数。产生溢出的量就是计数器的模。如 8 位二进制数，它的模数为 $2^8=256$。

由此可以看出，对于一个模数为 12 的循环计数系统来说，加 2 和减 10 的效果是一样的。因此，在以 12 为模的系统中，凡是减 10 的运算都可以用加 2 来代替，这就把减法问题转化成加法问题了。10 和 2 对模 12 而言互为补数，在计算机中称为"补码"。

② 补码的表示：在补码表示法中，正数的补码与原码相同；负数的补码则是符号位为"1"，数值部分按位取反后再在末位（最低位）加 1。

例如，+7 和 −7 的补码分别表示如下。

$$[+7]_{\text{补}}=00000111B=07H$$

$$[-7]_{\text{补}}=11111001B=F9H$$

补码在微型计算机中是一种重要的编码形式，请注意如下事项。

 注意

> a. 采用补码后，可以将减法运算转化为加法运算，运算过程得到简化。因此，计算机中有符号数一般采用补码表示。
>
> b. 正数的补码即它所表示的数的真值，而负数补码的数值部分却不是它所表示的数的真值。
>
> c. 采用补码进行运算，所得结果仍为补码。为了得到结果的真值，还得进行转换（还原）。转换前应先判断符号位，若符号位为 0，则所得结果为正数，其值与真值相同；若符号位为 1，则应将它转换成原码，然后得到它的真值。
>
> d. 与原码、反码不同，数值 0 的补码只有一个，即 $[0]_{\text{补}}=00000000B=00H$。
>
> e. 若字长为 8 位，则补码所表示的范围为 $-128\sim+127$；若字长为 16 位，则补码所表示的范围为 $-32768\sim+32767$。
>
> f. 进行补码运算时，应注意所得结果不应超过上述补码所能表示数的范围，否则会产生溢出而导致结果错误。采用其他码制运算时，同样应注意这一问题。

2. 原码、反码和补码之间的转换

由于正数的原码、反码和补码表示方法相同，因此不存在转换问题。下面仅分析负数的原码、反码和补码之间的转换。

（1）已知原码，求补码

【例 1.15】 已知某数 X 的原码为 10110100B，试求 X 的补码。

解： 由 $[X]_{\text{原}}=10110100B$ 知，X 为负数。求其补码时，符号位不变，数值部分按位求反，再在末位加 1。

```
1  0  1  1  0  1  0  0    原码
↓  ↓  ↓  ↓  ↓  ↓  ↓  ↓
1  1  0  0  1  0  1  1    符号位不变，数值位取反
                  1       +1
————————————————————————
1  1  0  0  1  1  0  0    补码
```

∴ $[X]_{\text{补}}=11001100B$

（2）已知补码，求原码

【例 1.16】 已知某数 X 的补码为 11101110B，试求其原码。

解： 由 $[X]_{\text{补}}=11101110B$ 知，X 为负数。求其原码时，符号位不变，数值部分按位求反后，再在末位加 1。

```
1  1  1  0  1  1  1  0    补码
↓  ↓  ↓  ↓  ↓  ↓  ↓  ↓
1  0  0  1  0  0  0  1    符号位不变，数值位取反
                  1       +1
————————————————————————
1  0  0  1  0  0  1  0    原码
```

∴ $[X]_{\text{原}}=10010010B$

说明：按照求负数补码的逆过程，数值部分应是最低位减 1，然后取反。但是对二进制数来说，先减 1 后取反和先取反后加 1 得到的结果是一样的，故仍采用取反加 1 的方法。

（3）求补

所谓求补，就是将 $[X]_补$ 的所有位（包括符号位）一起逐位取反，然后在末位加 1，即可得到 $-X$ 的补码，即 $[-X]_补$。不管 X 是正数还是负数，都应按该方法操作。

【例 1.17】　试求 $+97$、-97 的补码。

解：$+97=01100001$，于是 $[+97]_补=01100001$

求 $[-97]_补$ 的方法是：

$$[+97]_补 = \quad 0\ 1\ 1\ 0\ 0\ 0\ 0\ 1 \qquad [+97]_补$$
$$\downarrow\ \downarrow\ \downarrow\ \downarrow\ \downarrow\ \downarrow\ \downarrow\ \downarrow$$
$$1\ 0\ 0\ 1\ 1\ 1\ 1\ 0 \qquad 逐位取反$$
$$1 \qquad +1$$
$$\overline{\qquad\qquad\qquad\qquad}$$
$$1\ 0\ 0\ 1\ 1\ 1\ 1\ 1 \qquad [-97]_补$$

（4）已知补码，求对应的十进制数

【例 1.18】　已知某数 X 的补码为 10101011B，试求其所对应的十进制数。

解：该补码最高位（符号位）为 1，因此它表示的是负数。其数值部分（$D_0 \sim D_6$）不等于真值，应进行转换，转换时可采用以下两种方法。

方法 1："求反加 1"法。

采用这种方法时，将补码的符号位和数值部分视为一个整体，按位取反，再在最低位上加 1，得到真实结果的二进制数的绝对值。在此结果前面加一负号即得正确答案。将上面的补码按位求反，并加 1，可得：$01010100+1=01010101B=85$，所求十进制数为 -85。

方法 2："零减补码"法。

该方法仍将补码的符号位和数值部分视为一个整体，用数零去减补码，做减法时不理会最高位产生的借位，所得结果即为该二进制数的绝对值。此例的计算过程如下。

$$\begin{array}{r} 0\ 0\ 0\ 0\ 0\ 0\ 0\ 0 \\ -\ 1\ 0\ 1\ 0\ 1\ 0\ 1\ 1 \\ \hline 0\ 1\ 0\ 1\ 0\ 1\ 0\ 1 \end{array} \qquad 55H=85D$$

所求十进制数为 -85，与方法 1 所得结果相同。

表 1.2 列出了部分 8 位二进制代码分别代表无符号十进制数、原码、反码、补码时所表示的值。

表 1.2　8 位二进制代码代表无符号十进制数、原码、反码和补码的对照表

二进制代码表示	无符号十进制数	原　码	反　码	补　码
0000 0000	0	$+0$	$+0$	$+0$
0000 0001	1	$+1$	$+1$	$+1$
0000 0010	2	$+2$	$+2$	$+2$
⋮	⋮	⋮	⋮	⋮
0111 1100	124	$+124$	$+124$	$+124$
0111 1101	125	$+125$	$+125$	$+125$
0111 1110	126	$+126$	$+126$	$+126$
0111 1111	127	$+127$	$+127$	$+127$
1000 0000	128	-0	-127	-128

二进制代码表示	无符号十进制数	原　码	反　码	补　码
1000 0001	129	-1	-126	-127
1000 0010	130	-2	-125	-126
⋮	⋮	⋮	⋮	⋮
1111 1100	252	-124	-3	-4
1111 1101	253	-125	-2	-3
1111 1110	254	-126	-1	-2
1111 1111	255	-127	-0	-1

1.3.2　有符号数运算时的溢出问题

在计算机中，所有信息均用0和1表示。具体地讲，有符号数和无符号数在表现形式上是无法分辨的，而是由程序设计者人为规定的，当然在处理上也就不同了。由于无符号数的各位均为数值，判断运算结果是否溢出，只要测试进位位即可。若为"1"则表示溢出，反之结果正确。

溢出是在一定字长下发生的。从理论上讲，溢出是不可能发生的，因为可以增加位数，但实际很难做到，尤其是在单片机开发中更要引起注意。

如果计算机的字长为 n 位，n 位二进制数的最高位为符号位，其余 $n-1$ 位为数值位，则采用补码表示法时，可表示的有符号数 X 的范围是：

$$-2^{n-1} \leqslant X \leqslant 2^{n-1}-1$$

当 $n=8$ 时，可表示的有符号数的范围为 $-128 \sim +127$；当 $n=16$ 时，可表示的有符号数的范围为 $-32\,768 \sim +32\,767$。两个有符号数进行加法运算时，如果运算结果超出可表示的有符号数的范围，就会发生溢出，使计算结果出错。很显然，溢出只能出现在两个同符号数相加或两个异符号数相减的情况下。

具体地讲，对于加运算，如果次高位（数值部分最高位）形成进位加入最高位，而最高位（符号位）相加（包括次高位的进位）却没有进位输出时，或者反过来，次高位没有进位加入最高位，但最高位却有进位输出时，都将发生溢出。因为这两种情况分别是：两个正数相加，结果超出了范围，形式上变成了负数；两个负数相加，结果超出了范围，形式上变成了正数。

【例1.19】

$$
\begin{array}{r}
(+72)+(+98) \\[2pt]
0100\,1000\text{B} \quad +72 \\
+\quad 0110\,0010\text{B} \quad +98 \\
\hline
1010\,1010\text{B} \quad -42
\end{array}
$$

　　有进位
　　无进位　　　溢出，结果出错

【例1.20】

$$
\begin{array}{r}
(-83)+(-80) \\[2pt]
1010\,1101\text{B} \quad -83 \\
+\quad 1011\,0000\text{B} \quad -80 \\
\hline
0101\,1101\text{B} \quad +93
\end{array}
$$

　　无进位
　　有进位　　　溢出，结果出错

对于减法运算，当次高位不需从最高位借位，但最高位却需借位（正数减负数，差超出范围）时，或者反过来，当次高位需从最高位借位，但最高位不需借位（负数减正数，差超出范围）时，也会出现溢出。

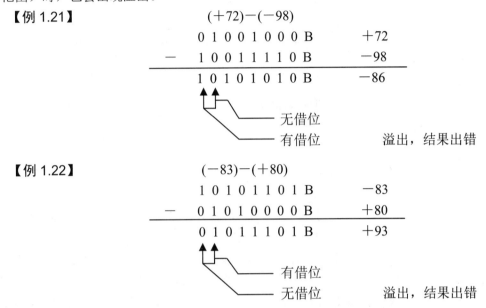

【例 1.21】

$$(+72)-(-98)$$

	0 1 0 0 1 0 0 0 B	+72
−	1 0 0 1 1 1 1 0 B	−98
	1 0 1 0 1 0 1 0 B	−86

无借位
有借位　　　溢出，结果出错

【例 1.22】

$$(-83)-(+80)$$

	1 0 1 0 1 1 0 1 B	−83
−	0 1 0 1 0 0 0 0 B	+80
	0 1 0 1 1 1 0 1 B	+93

有借位
无借位　　　溢出，结果出错

在本书后续内容中将介绍，当在加减运算过程中出现结果超出有符号数所能表示的数值范围时，溢出标志位 OF 被置 1。

1.4　定点数和浮点数

在计算机中，用二进制数表示实数的方法有两种，即定点法和浮点法。

1.4.1　定点法

定点数是指小数点的位置固定不变，以定点表示的数。通常，定点表示有以下两种方法。

方法 1：规定小数点固定在最高数值位之前，机器中能表示的所有数都是小数。n 位数值部分所能表示的数 N 的范围是：

$$-1 < N < 1$$

它能表示的数的绝对值为 $|x| < 1$。

方法 2：规定小数点固定在最低数值位之后，机器中能表示的所有数都是整数。n 位数值部分所能表示的数 N 的范围是：

$$-2^n < N < 2^n$$

它能表示的数的绝对值为 $|x| < 2^n$。

如图 1.2 所示，给出了定点数的两种表示法。

因为实际数值很少有都是小数或都是整数的，所以定点表示法要求程序员做的一项重要工作是为要计算的问题选择"比例因子"。所有原始数据都要用比例因子转化成小数或整数，计算结果又用比例因子恢复实际值。在计算过程中，中间结果若超过最大绝对值，机器便产生溢出，称为"上溢"。这时必须重新调整比例因子。中间结果如果小于最小绝对值，则计算机只能把它当做 0 处理，称为"下溢"。这时也必须重新调整比例因子。对于复杂计算，计算中间需多次调整比例因子。

图 1.2   定点数的两种表示法

1.4.2 浮点法

任意一个二进制数 N 都可以写成下面的形式：

$$N = \pm d \times 2^{\pm p}$$

式中：d 称为尾数，是二进制纯小数，指明数的全部有效数字；d 前面的符号称为数符，表示数的符号，用尾数前的 1 位表示，0 表示正号，1 表示负号；p 称为阶码；p 前面的符号称为阶符，用阶码前的 1 位表示，阶符为正时，用 0 表示，阶符为负时，用 1 表示。由此可知，将尾数 d 的小数点向右（对 $+p$）或向左（对 $-p$）移动 p 位，即得数值 N。所以阶符和阶码指明小数点的位置，小数点随 p 的符号和大小而浮动，这种数称为浮点数。浮点数的编码格式如图 1.3 所示。

图 1.3   浮点数的编码格式

该阶码为 m 位，尾数的位数为 n 位，则浮点数的取值范围为：

$$2^{-n} \cdot 2^{-(2m-1)} \leqslant |N| \leqslant (1 - 2^{-n}) \cdot 2^{(2m-1)}$$

浮点数能表示的数值范围大，这是它的主要可取之处。

如果尾数的绝对值小于 1 且大于或等于 0.5（采用原码编码的整数或负数和采用补码编码的正数，其尾数的最高位数字为 1；采用补码编码的负数，其尾数的最高位数字为 0），则该浮点二进制数被称为规格化浮点数。浮点运算后，经常要把结果规格化。规格化的操作是尾数每右移 1 位（相当于小数点左移 1 位），阶码加 1；尾数每左移 1 位，阶码减 1。

数的加减运算要求小数点对齐。对于浮点表示的数而言，就是阶码（包括阶符）相等。使阶码相等的操作称为对阶。一个浮点数的阶码的改变，必须伴随着尾数的移位，这样才不改变数的值，即阶码加 1，尾数必须右移 1 位；阶码减 1，则要求尾数左移 1 位。两个规格化的浮点数相加或相减之前必须对阶。对阶的规则是将两个数中阶码小的数的尾数右移，阶码增大，直到与另一个数的阶码相等为止。这样操作是合理的，因为尾数右移，只可能丢失最低有效位，造成的误差较小。

1.5　二进制编码的十进制数

1.5.1　8421 BCD 码

在现实生活中，人们习惯使用十进制数，计算问题的原始数据大多是十进制数。此时，可以有两种选择：第一种选择是用上面介绍的方法把十进制数转换成二进制数；第二种选择是用二进制数表示十进制数，保留各位之间"逢 10 进 1"的关系，这就是二-十进制编码，或称 BCD 码（Binary Coded Decimal）。这种编码将 1 位十进制数用 4 位二进制数表示，通常以 8421 为权进行编码。它有 10 个不同的数字符号，按"逢 10 进 1"原则进位。十进制数与 8421 BCD 码的对照表如表 1.3 所示。

表 1.3　十进制数与 8421 BCD 码对照表

十 进 制 数	BCD 码	十 进 制 数	BCD 码
0	0000	8	1000
1	0001	9	1001
2	0010	10	00010000
3	0011	11	00010001
4	0100	12	00010010
5	0101	13	00010011
6	0110	14	00010100
7	0111	15	00010101

【例 1.23】　将 $[867.54]_{10}$ 转换成 BCD 码。

解：$[867.54]_{10} = [100001100111.01010100]_{BCD}$

【例 1.24】　将 $[1101010110.010100110110]_{BCD}$ 转换成十进制数。

解：$[1101010110.010100110110]_{BCD} = [356.536]_{10}$

需要进行 BCD 码与其他进制数之间转换时，可将 BCD 码先转换成十进制数，再将十进制数转换成其他进制数，反之亦然。例如，将 1FDH 转换成 BCD 码时，可先将 1FDH 转换成十进制数，再转换为 BCD 码：$[1FD]_{16} = [509]_{10} = [010100001001]_{BCD}$。

在计算机中，BCD 码有两种基本格式，即组合式（压缩的）BCD 码格式和分离式（非压缩的）BCD 码格式。在组合式 BCD 码格式中，两位十进制数存放在一个字节中。例如，数 82 的存放格式如下。

　　1000　0010

在分离式 BCD 码格式中，每位数存放在 8 位字节的低 4 位部分，高 4 位部分的内容与数值无关。例如，数 82 的存放格式如下。

　　uuuu1000　uuuu0010

其中，u 表示任意值。

BCD 码与十进制数之间转换方便，易于阅读和书写。但是用 BCD 码表示的十进制数的位数要比纯二进制数表示的位数长，运算规则复杂，会造成电路复杂，且影响运算速度。

1.5.2　BCD 码的运算

下面以组合式 BCD 码格式为例，介绍 BCD 码的加法与减法运算。由于 BCD 码是将每个十进制数用一组二进制数来表示的，因此，若将 BCD 码直接交给计算机去运算，由于计算机总是把数当做二进制数来运算，所以结果可能会出错。

【例 1.25】 用 BCD 码求 38＋49。

解：

$$
\begin{array}{r}
0\,0\,1\,1\,1\,0\,0\,0 \quad 38 \\
+\ 0\,1\,0\,0\,1\,0\,0\,1 \quad 49 \\
\hline
1\,0\,0\,0\,0\,0\,0\,1 \quad 81 \\
\end{array}
$$

对应十进制数为 81，正确结果为 87，显然结果是错误的。其原因是，十进制数相加应"逢 10 进 1"，而计算机按二进制数运算，每 4 位为一组，低 4 位向高位进位与十六进制数低位向高位进位的情况相当，是"逢 16 进 1"的，所以当相加结果超过 9 时将比正确结果小 6，因此，结果出错。解决的办法是对二进制数加法运算的结果采用"加 6 修正"，将二进制数加法运算的结果修正为 BCD 码加法运算的结果。两个两位 BCD 数相加时，对二进制数加法运算结果修正的规则如下。

① 当任意两个对应位 BCD 数相加的结果向高一位无进位时，若得到的结果小于或等于 9，则该位无须修正；若得到的结果大于 9 且小于 16，则该位进行加 6 修正。

② 当任意两个对应位 BCD 数相加的结果向高一位有进位（即结果大于或等于 16）时，该位进行加 6 修正。

③ 当低位修正结果使高位大于 9 时，高位进行加 6 修正。

以上修正称为 BCD 调整。下面通过例题验证上述规则的正确性。

【例 1.26】 用 BCD 码求 35＋21。

解：

$$
\begin{array}{r}
0\,0\,1\,1 \quad 0\,1\,0\,1 \quad 35 \\
+\ 0\,0\,1\,0 \quad 0\,0\,0\,1 \quad 21 \\
\hline
0\,1\,0\,1 \quad 0\,1\,1\,0 \quad 56 \\
\end{array}
$$

低 4 位、高 4 位均不满足修正法则，所以结果正确，无须修正。

【例 1.27】 用 BCD 码求 25＋37。

解：

$$
\begin{array}{r}
0\,0\,1\,0 \quad 0\,1\,0\,1 \quad 25 \\
+\ 0\,0\,1\,1 \quad 0\,1\,1\,1 \quad 37 \\
\hline
0\,1\,0\,1 \quad 1\,1\,0\,0 \quad \text{低 4 位满足法则①} \\
+\ 0\,0\,0\,0 \quad 0\,1\,1\,0 \quad \text{加 6 修正} \\
\hline
0\,1\,1\,0 \quad 0\,0\,1\,0 \quad 62 \ \text{结果正确} \\
\end{array}
$$

【例 1.28】 用 BCD 码求 38＋49。

解：

```
        0 0 1 1   1 0 0 0      38
    +   0 1 0 0   1 0 0 1      49
    ─────────────────────
        1 0 0 0   0 0 0 1           低 4 位满足法则②
    +   0 0 0 0   0 1 1 0           加 6 修正
    ─────────────────────
        1 0 0 0   0 1 1 1      87   结果正确
```

【例 1.29】　用 BCD 码求 42+95。

解：

```
        0 1 0 0   0 0 1 0      42
    +   1 0 0 1   0 1 0 1      95
    ─────────────────────
        1 1 0 1   0 1 1 1           高 4 位满足法则①
    +   0 1 1 0   0 0 0 0           加 6 修正
    ─────────────────────
      1 0 0 1 1   0 1 1 1     137   结果正确
```

【例 1.30】　用 BCD 码求 91+83。

解：

```
        1 0 0 1   0 0 0 1      91
    +   1 0 0 0   0 0 1 1      83
    ─────────────────────
      1 0 0 0 1   0 1 0 0           高 4 位满足法则②
    +   0 1 1 0   0 0 0 0           加 6 修正
    ─────────────────────
      1 0 1 1 1   0 1 0 0     174   结果正确
```

【例 1.31】　用 BCD 码求 94+7。

解：

```
        1 0 0 1   0 1 0 0      94
    +   0 0 0 0   0 1 1 1       7
    ─────────────────────
        1 0 0 1   1 0 1 1           低 4 位满足法则①
    +   0 0 0 0   0 1 1 0           加 6 修正
    ─────────────────────
        1 0 1 0   0 0 0 1           高 4 位满足法则③
    +   0 1 1 0   0 0 0 0           加 6 修正
    ─────────────────────
      1 0 0 0 0   0 0 0 1     101   结果正确
```

【例 1.32】　用 BCD 码求 76+45。

解：

```
        0 1 1 1   0 1 1 0      76
    +   0 1 0 0   0 1 0 1      45
    ─────────────────────
        1 0 1 1   1 0 1 1           低 4 位、高 4 位均满足法则①
    +   0 1 1 0   0 1 1 0           同时加 6 修正
    ─────────────────────
      1 0 0 1 0   0 0 0 1     121   结果正确
```

　　两个 BCD 码进行减法运算时，若低位向高位有借位，则由于"借 1 做 16"与"借 1 做 10"的差别，所得结果将比正确结果大 6。所以有借位时，可采用"减 6 修正法"来修正。

实际上，计算机中有 BCD 调整指令。两个 BCD 码进行加减时，先按二进制加减指令进行运算，再对结果用 BCD 调整指令进行调整，就可以得到正确的十进制运算结果。

另外，BCD 码的加减运算，也可以在运算前由程序先变换成二进制数，然后由计算机对二进制数运算处理，运算以后再将二进制数结果由程序转换为 BCD 码。

1.6 ASCII 字符代码

计算机中的每个字符都是按某种规则用一组二进制编码表示的。目前微型计算机中应用最普遍的是美国标准信息交换码（American Standard Code for Information Interchange，ASCII）。

ASCII 码用 7 位二进制码对字符进行编码。ASCII 字符集共有 128 种常用字符，其中有数字字符 0～9，大小写英文字母，一些在算式、语句和文本中常用的符号（如四则运算符、括号、标点符号及特殊符号等），还有一些控制字符。这些字符大致能满足各种编程语言、西文文字及常见控制命令等需要。

每个 ASCII 码字符用 7 位编码，最高位用 0 填充，或者加一位奇偶校验位构成一个满字节。存储器中以字节作为基本的编址单位，正好可以存放一个字符的 ASCII 码。

通用键盘的大部分键与最常用的字符相对应。在键盘上输入时，系统软件用扫描法判明所按键的行列位置，组织成扫描码（表示该键在键盘上所在位置的编码），再通过查表或其他方法，最终转换成 ASCII 码，存入存储器中供处理。计算机将结果输出时，把 ASCII 码表示的字符送往显示器或打印机，再通过其中的字符发生器转换为该字符的点阵图形。

128 个 ASCII 码字符分为可显示字符和非显示字符两类。可显示字符是指编码从 20H 到 7EH 的 95 个代码。它们可以从键盘终端输入，可在屏幕终端显示，也可通过打印机打印出来。非显示字符是编码从 00H 到 1FH 的 32 个代码，还有编码为 3FH 的字符，共 33 个，它们主要用来控制输入/输出设备。例如，回车（0DH）字符使显示器的光标回到一行的首部；换行（0AH）字符使显示器光标移到下一行；连续输出回车和换行字符就结束本行输出，光标移到下一行首部，开始新一行的输出。

1.7 其他常用的编码举例

计算机能处理的字符信息显然不只局限于上述 ASCII 码（128 种常用字符），之所以能识别众多的汉字，就是因为每个汉字都有各自的编码。下面简单介绍汉字的编码。

由于汉字的数量多（常用汉字就有几千个），它的编码相对要复杂些，编码后的二进制数位数也较多。汉字的编码有机内码和机外码两类。机内码是汉字的标识码，机外码则用于汉字的输入，以满足不同的需要。下面分别介绍汉字的国标码、机内码和机外码。

1. 国标码

为了在信息交换中有个通用标准，我国在 1981 年公布了国家标准 GB 2312—1980《信息交换用汉字编码字符基本集》，简称国标码。在这一标准中，每个汉字用两个字节（各使用 7 位二进制数）表示，第一个字节表明字符位于哪一区，第二个字节表明该字符在本区内的哪一位。基本字符集共有 94 区，每区有 94 位。另外，该标准又按使用频率，把常用汉字分为一级汉字（3 755 个）和二级汉字（3 008 个）。一级汉字按拼音顺序排列，占据 16～55 区；二级汉字按部首顺序排列，占据 56～87 区。1～15 区用来编排西文字母、数字和图形符号，以及用户自行定义的专用符号。

2. 机内码

机内码是计算机系统内部用来表示汉字的编码，以 GB 2312—1980 码为基础。为使该码与 ASCII 码有所区别，将汉字国标码每个字节的最高位置 1，作为该汉字的机内码。例如，"阿"字的国标码是 3022H，其机内码为 0B0A2H。

3. 机外码

目前常用的机外码主要有区位码、国标码、首尾码、拼音码和五笔字型等。

本章小结

本章主要介绍微型计算机的发展过程、分类及应用范围。首先介绍了数制及各数制之间的转换方法，然后介绍了原码、反码、补码的表示方法及运算方法，以及微型计算机中常用的几种编码。

 习题 1

1. 将下列十进制数转换为二进制数：48；0.56；27.21；189。
2. 将下列二进制数转换为十进制数：+1011.01B；−11001.101B；−10011B；+11011B。
3. 完成下列转换。
   （1）将 110111.1011B 转换为十六进制数。
   （2）将 8BH 转换为二进制数。
   （3）将 0ABCH 转换为十进制数。
   （4）将 272 转换为十六进制数。
4. 设机器字长为 8 位，写出下列各数的原码、补码和反码。
   11011B；　　1111111B；　　1000000B；　　−11011B；　　−1111111B；　　−1000000B。
5. 将下列十进制数转换为 8421 BCD 码。
   8609；　　5324；　　2202；　　27。

第 2 章　计算机系统的组成

本章要点

➢ 掌握计算机系统的基本组成。
➢ 了解微型计算机指令的一般格式。
➢ 掌握计算机系统的基本概念和基本工作原理。
➢ 掌握几种寻址方式的寻址过程。

2.1　计算机系统的基本组成

2.1.1　计算机的硬件组成

计算机是通过执行存储在存储器中的程序而工作的。计算机执行程序是自动按序进行的，无须人工干预。程序和数据由输入设备输入存储器，执行程序所获得的运算结果由输出设备输出。因此，计算机通常由运算控制部件、存储器部件、输入设备和输出设备 4 部分组成，如图 2.1 所示。

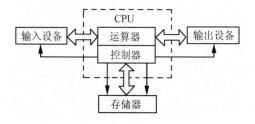

图 2.1　计算机组成框图

输入设备能自动把人们编好的解题程序和原始数据转换成计算机能识别的二进制数码，送到存储器存放起来。常用的输入设备有键盘、鼠标、触摸屏等。此外，当计算机从磁盘上读入程序和数据时，磁盘驱动器也是作为输入设备而工作的。因此，输入设备是计算机输入解题程序和原始数据不可缺少的部件。

运算控制器由运算器和控制器两部分电子线路组成，是计算机赖以工作的核心部件。运算器主要包括加法器、移位、判断和寄存器电路等，用于算术运算和逻辑操作。控制器由指令寄存器、指令译码器和控制电路等组成，是整个计算机的中枢。它根据指令码指挥运算器、存储器、输入设备和输出设备自动协调地工作，如图 2.1 中箭头所示。因此，运算器和控制器唇齿相依，融为一体。过去，运算器和控制器由电子管、晶体管和集成电路芯片组成，体积十分庞大。现在，运算器和控制器通常集成在单块或几块大规模集成电路芯片内，人们称之为中央处理单元（CPU，Central Processing Unit），即微处理单元。

通常，存储器分为内存储器和外存储器两种。内存储器工作速度快，但存储容量有限。过去采用磁芯存储器，现在毫无例外地采用半导体存储器。当前运行的程序和要处理的数据均存储在内存储器中，所以它的性能直接影响整个系统的工作效率。外存储器又称为海量存储器，它的存储容量大，但存取速度慢，如磁盘、光盘、U 盘、移动硬盘等。微型计算机中用得最广的曾经是软磁盘和硬磁盘两种，后期发展为硬磁盘和光盘，当今随着存储单位价格的不断降低，大容量硬磁盘成为了唯一内置于微型计算机内部的外存储器。未来，固态硬磁盘可能将取代现在的机械硬磁盘而成为微型计算机的主力外存储器。

输出设备用于输出计算机的中间结果和最终结果，也可以输出原始程序和实时信息。常见的输出设备有显示器、打印机、绘图机和电传打字机等。对于外存储器，当用它来存储数据时，也可以将它看作输出设备。因此，外存储器既可以作为输入设备，又可以作为输出设备，常常称其为输入/输出设备。

上述 4 部分统称为计算机硬件（Hardware），各部分相互独立，但又彼此相连，组成一个有机整体。其中，中央处理单元 CPU 和内存储器又被称为计算机的主机；输入/输出设备统称为外部设备或 I/O（Input/Output，输入/输出）设备。

2.1.2　微型计算机的组成

微型计算机是在中小型计算机的基础上发展起来的，并以大规模集成电路技术为基础而开发的一种新型计算机。因此，它在结构上和通用计算机十分相似，但也有其独到之处。和其他计算机相比，微型计算机的最大特点是采用总线结构。其中，三总线结构尤为普遍，目前已成为微型计算机的一种基本结构，微型计算机的基本结构如图 2.2 所示。

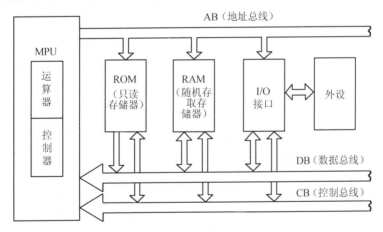

图 2.2　微型计算机的基本结构

由图 2.2 可见，微处理单元 MPU 是通过 AB、DB 和 CB 三总线（分别为地址总线、数据总线和控制总线）与 ROM 存储器、RAM 存储器及 I/O 接口相连的。虽然这个结构并不复杂，但并不好理解。为此，在分析微型计算机基本工作原理前，先对图中各部件做一个基本介绍是十分必要的。

总线是指信息传送的公共通道，实际上是印制电路板上的短路线。这些短路线是沟通微型计算机各种器件的桥梁。

1．地址总线（AB，Address Bus）

地址总线（AB）也称地址母线，因其上仅传送 MPU 的地址码而得名。当微处理单元MPU 和存储器或外部设备交换信息时，必须指明要和哪个存储单元或哪个外部设备交换。因此，地址总线（AB）必须和所有存储器的地址线相连，也必须和所有 I/O 接口设备相连。这样，当微处理单元需要与存储器或外设进行信息交换时，只要把存储单元的地址码或外设的设备码送到地址总线上便可完成读/写数据工作。地址总线条数由所选 MPU 型号决定。

2．数据总线（DB，Data Bus）

数据总线也称数据母线，因其上传送的是数据和指令码而得名。数据总线条数常和所用微处理单元字长相等，但也有内部为 16 位运算而外部仍为 8 位数据总线的情况（例如 Intel 8088）。由于 MPU 有时需要把数据写入存储器或输出设备，有时又需要从存储器或输入设备读入数据，因此数据总线是双向的。在 8 位机中，数据总线通常有 8 条。

3．控制总线（CB，Control Bus）

控制总线也称控制母线，用于传送各类控制信号。控制总线的条数因机器而异，每条控制线最多传送两个控制信号。控制信号有两类：一类是 MPU 发出的控制命令，如读命令、写命令及中断响应信号等；另一类是存储器或外设的状态信息，如外设的中断请求、复位和总线请求等。

总之，微型计算机采用总线结构是一大特点，它使得存储器扩充和 I/O 接口板的增删十分方便。

4．存储器

这里的 ROM 和 RAM 是半导体存储器，是一种采用大规模或甚大规模集成电路工艺制成的存储器芯片。

ROM（Read Only Memory）存储器是一种在正常工作时只能读不能写的存储器，故它通常用来存放固定程序和常数。

RAM（Random Access Memory）存储器是一种在正常工作时既能读又能写的存储器，故它通常用来存放原始数据、中间结果、最终结果和实时数据等。RAM 存储器中存入的信息不能长久保存，停电后便立即消失，故它又称为易失性存储器。

2.1.3　单片机的组成

单片机是计算机应用的重要组成部分。单片机的体系结构有两种：一种是冯·诺依曼结构；另一种是哈佛（Harvard）结构。下面结合图 2.3 所示哈佛结构的示意图简单地介绍其结构特点。

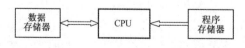

图 2.3　哈佛结构的示意图

数据与程序分别存于两个存储器中，这是哈佛结构的重要特点。由图 2.4 所示指令流水线结构示意图可见，系统有两条总线，也就是数据总线和指令传输总线完全分开。哈佛结构的优点是，指令和数据空间是完全分开的，一个用于取指令，另一个用于存取数据。所以它与常见的冯·诺依曼结构不同的第一点是程序和数据总线可以采用不同的宽度，数据总线都是 8 位的，但低档、中档和高档系列的指令总线位数分别为 12、14 和 16 位；第二点是由于可以对程序和数据同时进行访问，CPU 的取指和执行采用指令流水线结构（见图 2.4），当一条指令被执行时允许下一条指令同时被取出，使得在每个时钟周期可以获得最高效率。

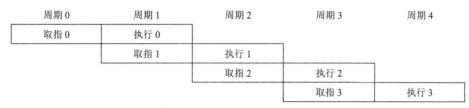

图 2.4　指令流水线结构示意图

在指令流水线结构中，取指和执行在时间上是相互重叠的，所以才可能实现单周期指令。只有涉及改变程序计数器 PC（Program Counter）值的分支程序指令时，才需要两个周期。

2.2　微处理单元 MPU

2.2.1　MPU 的结构

现代微处理单元 MPU 的内部结构极其复杂，要像电子线路那样画出它的全部电原理图来分析、介绍是根本不可能的。为了弄清它的基本工作原理，现以图 2.5 所示的模型机 MPU 的结构框图为例加以概述。

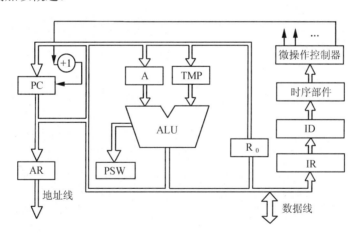

图 2.5　模型机 MPU 的结构框图

在日常的接触中，CPU 出现的频率远远高于 MPU，其实两者之间既有联系又存在区别。CPU 发展有三个分支：一个是 DSP（Digital Signal Processing/Processor，数字信号处理）；另外两个是 MCU（Micro Control Unit，微控制器单元）和 MPU（Micro Processor Unit，微处理单元）。

CPU 是计算机的大脑，起到运算数据的作用，而 CPU 的指令调用、数据传输、各个设备的工作状态都需要 CPU 通过 MPU 转接控制才能完成。

MCU 集成了片上外围器件；MPU 不带外围器件（例如存储器阵列），是高度集成的通用结构的处理单元，是去除了集成外设的 MCU；MCU 适合不同信息源的多种数据的处理诊断和运算，侧重于控制。MCU 的最大特点在于它的通用性，反映在指令集和寻址模式中。

MPU 早期甚至多达七、八颗，但目前大多合并成 2 颗，一般称为北桥（North Bridge，是主板芯片组中起主导作用的最重要的组成部分，也称为主桥）芯片和南桥（South Bridge，南桥芯片负责 I/O 总线之间的通信）芯片，在计算机中起到转接桥的作用，转接数据。

MCU 大部分应用在计算器、车用仪表、车用防盗装置、呼叫器、无线电话、遥控器及数码产品等，其实就是俗称的单片机芯片。

微处理单元（MPU）和微控制器（MCU）形成了各具特色的两个分支。它们互相区别，但又互相融合、互相促进。与微处理单元（MPU）以运算性能和速度为特征的飞速发展不同，微控制器（MCU）则是以其控制功能的不断完善为发展标志的。

2.2.2　运算器

运算器用于对二进制数进行算术运算和逻辑操作，其操作顺序是在控制器控制下进行的。运算器由算术逻辑单元（ALU）、累加器（A）、通用寄存器（R_0）、暂存器（TMP）和状态寄存器（PSW）5 部分组成。

ALU（Arithmetic and Logical Unit）为算术逻辑单元，主要由加法器、移位电路和判断电路等组成，用于对累加器 A 和暂存器（TMP）中两个操作数进行四则运算和逻辑操作。累加器（A，Accumulator）是一个具有输入/输出能力的寄存器，由 8 个触发器组成。累加器 A 在加法前用于存放一个操作数，加法操作后用于存放两数之和，以便再次累加，故因此得名。TMP（Temporary Register）为暂存器，也是一个 8 位寄存器，用于暂存另一操作数。PSW（Program States Word）为程序状态字，由若干位触发器组成，用于存放 ALU 操作过程中形成的状态。例如，运算结果是否为零，最高位是否有进位或借位，低 4 位向高 4 位是否有进位或借位等，都可以记录到 PSW 的对应位中去。R_0 为通用寄存器（GR，General-purpose Register），用于存放操作数或运算结果。

2.2.3　控制器

控制器是计算机的指挥中心，相当于人脑的神经中枢。控制器由指令部件、时序部件和微操作控制部件 3 个主要部分组成。

1. 指令部件

指令部件是一种能对指令进行分析、处理和产生控制信号的逻辑部件，也是控制器的核心部件。通常，指令部件由程序计数器 PC（Program Counter）、指令寄存器 IR（Instruction Register）和指令译码器 ID（Instruction Decoder）3 个主要部分组成。

2. 时序部件

时序部件由时钟系统和脉冲分配器组成，用于产生微操作控制部件所需的定时脉冲信号。其中，时钟系统（Clock System）产生机器的时钟脉冲序列；脉冲分配器（Pulse Distributor）又称节拍发生器，用于产生节拍电位和节拍脉冲。

3. 微操作控制部件

微操作控制部件可以为 ID 输出信号配上节拍电位和节拍脉冲，也可以和外部进来的控制信号组合，共同形成相应的微操作控制序列，以完成规定的操作。

2.2.4　寄存器

寄存器用于暂存寻址和计算过程的信息。寄存器分为数据寄存器和地址寄存器两组，但有的寄存器兼有双重用途。数据寄存器用来暂存操作数和中间结果。由于通过外部总线传送是限制计算机速度的主要因素，存取寄存器要比访问存储器快得多，所以要对一组数据执行几种操作时，最好将数据存入数据寄存器，进行必要的计算，然后将结果送回存储器。一般情况下，CPU 所含的数据寄存器越多，计算速度越快。地址寄存器用于操作数的寻址。在下面将要介绍的寻址方式中，有几种寻址方式就是把操作数的地址全部或部分存放在地址寄存器中的，这就增加了寻址方式的灵活性，也为处理数组元素提供了方便。

2.2.5　指令系统

通过前面的学习，了解了计算机硬件系统的组成及计算机的基本工作原理。那么设计计算机硬件系统的依据是什么呢？衡量计算机性能的优劣，除了硬件的标准，是否还有其他方面需要考虑？这就是下面要介绍的内容，即指令及指令系统。换言之，就是换一个角度去分析计算机的工作原理和工作过程。

从程序设计的角度学习，指令是最小单位，但学习指令系统还应从组成指令的最小单位——二进制位（bit）开始。也就是说，指令是由二进制位组成的。从原理上讲，指令的种类越多，功能越强，位数也越多，可见指令的长度与由其所完成的功能有关。怎样划分各类功能，怎样用电路实现，这就需要人们去分析归纳，从中找出规律并制订出可行的方案。

1．操作码和地址码

（1）操作码

计算机是对数据进行处理的工具，指令中必须有说明具体处理的部分，也就是通常所讲的操作码。具体操作码的定义和说明如表 2.1（假设 CPU 中只有累加器 A 和寄存器 B）所示。

表 2.1　操作码的定义和说明

编　码 $D_2 D_1 D_0$	功　能	操　作	指　令说明
0 0 0	传送数据 $D_2=0$	CPU 与 MEM 间传送数据 $D_1=0$	A→MEM $D_0=0$
0 0 1			A←MEM $D_0=1$
0 1 0		CPU 与内部寄存器间传送数据 $D_1=1$	A→B $D_0=0$
0 1 1			A←B $D_0=1$
1 0 0	运算 $D_2=1$	数值运算 $D_1=0$	加法运算　A＋B→A　$D_0=0$
1 0 1			减法运算　A－B→A　$D_0=1$
1 1 0		逻辑运算 $D_1=1$	与运算　A∧B→A　$D_0=0$
1 1 1			或运算　A∨B→A　$D_0=1$

由表 2.1 可见，CPU 中指令寄存器可根据现存的编码去控制有关电路以完成所规定的操作。当然真正的指令系统是十分复杂的，也不可能只用 3 位编码来表示操作码。

一条指令的组成必须有操作码，它的编码规律是由设计者定义的。其编码的长度与整个指令系统所完成的功能有关，也是设计 CPU 的依据。

（2）地址码

地址码是存储器的地址编码，用于区分存储器的不同存储单元。由于 CPU 中通用寄存器数量的增加也需要用若干二进制位编码加以区分，因此从概念上讲也可将其归为地址码范围。当然它的编码长度远不及存储器地址码，往往不被单独划分为一个部分，而只作为操作码的组成部分。

作为存储器的地址码，它有两层含义：一个是指示数据的地址；另一个是在改变程序执行顺序时，指示下一条指令（第一个操作码字节）的地址。由此可见，基于计算机是处理数据的工具，指令中要有数据的地址码；根据存储程序概念，在改变程序执行顺序时也需要有（下一条指令的）地址码。

2. 指令

指令是指挥计算机完成各种操作的最基本的命令，一条指令应包括两个基本部分——操作码和地址码。指令的基本格式如下。

OP	ADDR
操作码字段	操作数地址字段

操作码 OP（Operation）用于说明该指令操作的性质及功能。地址码 ADDR（Address）用来描述该指令的操作对象，由它给出操作数地址或给出操作数，以及操作结果的存放地址。

显然，操作码字段越长，可以安排的操作种类就越多，或者说操作码的位数决定了指令系统的规模。简单地讲，如果一个计算机指令系统需要有 N 条指令，操作码的二进制位数为 n，则应满足如下关系式。

$$N \leq 2^n$$

操作数地址字段如果表示的是操作数的直接地址，则显然这个字段越长，其寻址的范围就越大。简单地说，操作数地址字段的位数决定了内存的规模。如果操作数地址字段包含寻址方式的信息，则该字段越长，可提供的寻址方式就越多，带给程序设计者的选择也越多。但这并不意味着指令越长越好，指令越长，占用内存空间就越大。因此指令格式设计的准则之一就是在满足操作种类、寻址范围和寻址方式的前提下，指令尽可能短。这是指令功能完备性与有效性的统一。

指令长度等于操作码的长度加上操作数地址的长度（操作数地址个数）。由于操作码的长度、操作数地址的长度及所需地址的个数不同，各指令的长度可能也不同。指令长度通常设计为字节的整数倍。例如，Intel 8088 微型计算机的指令系统中，指令长度有单字节、双字节、3 字节、4 字节、5 字节和 6 字节 6 种。指令格式设计的另一准则是指令长度应为字节的整数倍。这样可以充分利用存储空间，并增加访问内存的有效性，这是指令格式设计中规整性的体现。

另外值得一提的是，指令的长度与机器的字长没有固定的关系。它既可以小于或等于机器的字长，也可以大于机器的字长。在字长较短的微型机和单片机中，大多数指令的长度可能大于机器的字长；而在字长较长的大、中型机中，大多数指令的长度则小于或等于机器的字长。

在设计系列机时，新型的计算机指令系统往往包括老型号机器的所有指令，老型号机器上运行的所有软件都可不加任何修改地在新机器上运行，这是兼容性的概念。为了保证软件的兼容，系列机指令系统设计的又一准则是指令系统的兼容性。

（1）指令中的地址码格式

指令中包括的地址码字段如下。

➢ 操作数的地址，用以指明操作数的存放处。不同的指令，其所需的操作数可能不同，最多可有两个操作数地址。

➢ 操作结果的地址，用于运算结果的存放。

另外，从完备性的角度考虑，指令中应当有一地址字段指出下一条指令地址，以便程序能连续运行。但由于在大多数情况下程序是顺序执行的，因此，可以在硬件上设置一个程序计数器（PC，Program Counter）专门存放当前要执行的指令地址。每取出一条指令后，PC自动增值以指出下一条指令地址。这样就无须在指令中专门用一个地址段标明后继指令地址，从而有效地缩短了指令的长度。当需要改变程序执行顺序时，可由转移类指令实现。也就是说，通过设置 PC 寄存器和转移类指令，便没有必要在指令中设置下一条指令地址。但是如果程序转移频繁，则在指令中设置下条指令地址就会显得方便。例如，在根据微程序原理构成的控制器中，因为转移频繁，每条微指令都带有次地址字段（NA，Next Address），用以方便地实现转移。

指令格式按地址码部分的地址个数，可分为以下几种。

① 三地址指令格式。指令格式如下。

OP	A_1	A_2	A_3

OP 表示操作码，A_1，A_2，A_3 分别表示操作数 1 的地址、操作数 2 的地址，以及结果存放的地址，A_1，A_2 和 A_3 可以是主存单元地址或寄存器地址。

指令意义：(A_1) OP $(A_2) \rightarrow (A_3)$

式中：(A_i) 表示 A_i（$i=1, 2, 3$）中的内容，符号"$\rightarrow$"表示"作为"。该指令的意义是将以 A_1，A_2 为地址的两个操作数——(A_1) 和 (A_2) 进行由 OP 所指定的操作，并将操作的结果作为 A_3 的内容（或存入地址 A_3 中）。

例如，要完成操作 $(X) + (Y) \rightarrow (Z)$，仅用下面一条指令即可。

　　ADD　X，Y，Z

三地址指令格式可用于字长较长的计算机，如 32 位机中。

② 二地址指令格式。指令格式如下。

OP	A_1	A_2

指令意义：(A_1) OP $(A_2) \rightarrow (A_1)$

即把以 A_1，A_2 为地址的两个操作数进行 OP 所指定的操作，操作结果存入 A_1 中，替代原来的操作数 (A_1)。因此，常称 A_1 为目的操作数地址，称 A_2 为源操作数地址。

例如，同样完成 $X+Y \rightarrow Z$ 的操作，用二地址指令可表示为：

　　ADD　X，Y

　　指令含义为：$(X) + (Y) \rightarrow (X)$

　　MOV　Z，X

　　指令含义为：$(X) \rightarrow (Z)$

二地址指令格式常见于 16 位机中。

③ 一地址指令格式。指令格式为如下。

OP	A

指令中只给出一个操作数地址 A。对于需要有两个操作数的指令，另一个操作数采用"隐含"方式。也就是说，指令中看不出另一个操作数的地址，但实际操作时确实存在，其目的是减小指令的长度。这个隐含的操作单元每次操作都是必然的操作对象，同时也是存放运算结果的必然场所，也就是前面讲的累加器 A（Accumulator），有时也用 AC 表示，以免与地址码 A 混淆。

指令意义：（AC）OP（A）→（AC）

一个操作数（源操作数）由地址码 A 给出，另一个操作数（目的操作数）隐含在累加器 AC 中，操作结果替代累加器 AC 原来的内容。

例如，同样完成（X）+（Y）→（Z）的操作，用一地址指令可表示为：

　　LDA　X

　　指令含义为：（X）→（AC），LDA 意为 Load AC

　　ADD　Y

　　指令含义为：（AC）+（Y）→（AC）

　　STA　Z

　　指令含义为：（AC）→（Z），STA 意为 Store AC

一地址指令格式常见于 8 位机中。

④ 零地址指令格式。指令格式为如下。

OP

指令中只有操作码，不含操作数。对于需要有操作对象的指令，所需操作数采用隐含指定。例如，将操作数事先放入堆栈中，由堆栈指针 SP（Stack Pointer）隐含指出。这种指令仅对栈顶数据进行操作，操作结果仍送回堆栈中。

例如，同样完成（X）+（Y）→（Z）的操作，用零地址指令可表示为如下形式。

　　PUSH　X　　指令含义为：X 内容入栈

　　PUSH　Y　　指令含义为：Y 内容入栈

　　ADD　　　　指令含义为：栈顶两数相加，结果仍存于栈顶

　　POP　　Z　　指令含义为：栈顶结果→Z

当然，用栈顶元素隐含表示操作数的方法不可能做到所有的指令都是零地址，至少有两条指令——PUSH 入栈指令和 POP 出栈指令，必须指明一个操作数地址。目前这种用堆栈指针 SP 来隐含操作数地址的零地址指令系统是极少见的。

但操作数的地址采用隐含方式却是常见的。例如，对于由某个寄存器隐含、PC 的串操作处理指令，其操作数是隐含在源变址寄存器 SI 和目的变址寄存器 DI 所指定的内存单元中的，串操作指令格式就采用了零地址指令格式；换码指令 XLAT，十进制调整指令 DAA、DAS 的操作数也采用隐含方式，指令格式为零地址指令。

需要强调的是，指令中的地址码个数并非指由于指令操作的不同而要求有不同的操作数，而是说对于相同的操作，不同地址码结构的计算机有不同的实现方案。

指令中的地址码格式和机器的字长有着比较密切的关系。一地址指令格式是 8 位机通常采用的地址码结构，16 位机更多地采用二地址指令格式，而 32 位以上的计算机有条件选择三地址结构。不难理解，字长越长，留给地址码的空间越多，就越便于安排更多的地址码。

当然，三地址指令系统也包括二地址指令、一地址指令和零地址指令；二地址指令系统也会有一地址指令和零地址指令，这是由操作码的性质决定的。但是二地址指令系统中不会出现三地址指令，一地址指令系统中也不会有二地址和三地址指令存在。

需要指出的是，由于系列机的出现，出于指令兼容性的考虑，往往出现几种地址结构指令混杂的情况。例如，PC 系列的 32 位机的指令系统中就可看到 PC 系列 8 位机一地址指令系统的痕迹。

还需要指出的是，指令中地址码字段越多，完成同样的功能所需的指令条数就越少；反之，地址码字段越少，所需的指令条数越多。这就是为什么解决同一问题，8 位机的程序一般要长于 16 位机和 32 位机程序的执行时间的。

（2）指令中的操作码格式

操作码是用来指示机器执行什么样的操作的。每条指令都有一个确定的操作码，不同指令的操作码用不同的编码表示。操作码位数越多，所能表示的操作种类就越多。目前在指令操作码设计上，主要采用以下两种编码方式。

① 定长操作码，变长指令码。

操作码的长度固定，且集中放在指令字的第一个字段中，指令的其余部分全部用于地址码。IBM 370 机和 VAX-11 系列机、PC 系列机，均采用这种定长操作码格式。若操作码的长度均为 8 位，则可表示 256 种不同的操作。

② 变长操作码，定长指令码。

这是操作码长度不固定，但指令码的长度固定的一种设计。由于不同的指令需要的操作数个数不同，因此为了有效地利用每位二进制位，采用扩展操作码的方法。也就是说，操作码和地址码位数不固定，操作码位数随地址码位数的减少而增加；对地址数少的指令，允许操作码长些，对地址数多的指令，则操作码就短些。

2.3　存储器

2.3.1　存储器的分类

计算机中的存储器又称为内存或主存。能用来作为存储器的器件和介质，除了其基本存储单元有两个稳定的物理状态来存储二进制信息以外，还必须满足一些技术上的要求。例如，便于与电信号转换，便于读/写，速度高，容量大和可靠性高等。另外，价格也是一个很重要的因素。

从 20 世纪 50 年代开始，磁芯存储器曾一度成为主存的主要存储介质，其特点是速度慢，断电后信息不丢失。从 20 世纪 70 年代开始，它逐步被半导体存储器所取代。半导体存储器的特点是速度快，断电后信息丢失。目前，计算机都使用半导体存储器。

存储器的类型如下。

1．随机存储器（Random Access Memory，RAM）

随机存储器（又称读/写存储器）是指通过指令可以随机地、个别地对各个存储单元进行访问的存储器。一般访问所需时间基本固定，而与存储单元的地址无关。

2. 只读存储器（Read-Only Memory，ROM）

只读存储器是一种对其内容只能读出而不能写入的存储器,在制造芯片时预先写入内容。它通常用来存放固定不变的程序、汉字字型库、字符及图形符号等。由于它和读/写存储器分享主存储器的同一个地址空间，故仍属于主存储器的一部分。

3. 可编程序的只读存储器（Programmable ROM，PROM）

可编程序的只读存储器是一次性写入的存储器，写入后只能读出其内容，而不能再进行修改。

4. 可擦除可编程序只读存储器（Erasable PROM，EPROM）

可擦除可编程序只读存储器是可用紫外线擦除其内容的 PROM，擦除后可再次写入。

5. 可用电擦除的可编程只读存储器（Electrically EPROM，E^2PROM）

可用电擦除的可编程只读存储器是可用电改写其内容的存储器。近年来发展起来的快擦型存储器（Flash Memory），具有 E^2PROM 的特点。

上述各种存储器，除了 RAM 外，即使停电，仍能保持其内容，故称之为"非易失性存储器"，而 RAM 为"易失性存储器"。

2.3.2　存储器的地址信息

主存储器的主要性能指标为主存容量、存储器存取时间和存储周期时间。

计算机可寻址的最小信息单位是一个存储字，相邻的存储器地址表示相邻存储字，这种机器称为"字可寻址"机器。一个存储字所包括的二进制位数称为字长。一个字又可以划分为若干个"字节"。现代计算机中，通常把一个字节定为 8 个二进制位，因此，一个字的字长通常是 8 的倍数。有些计算机可以按"字节"寻址，因此，这种机器称为"字节可寻址"计算机。

以字或字节为单位来表示主存储器存储单元的总数，就得到了主存储器的容量。

指令中地址码的位数决定了主存储器可直接寻址的最大空间。例如，32 位超级微型机提供 32 位物理地址，支持对 4GB 的物理主存空间的访问（G 表示千兆，常用的计量存储空间的物理量单位词头还有 K、M。K 为 2^{10}，M 为 2^{20}，G 为 2^{30}）。

主存储器的另一个重要性能指标是存储器的速度，一般用存储器存取时间和存储周期来表示。

存储器存取时间（Memory Access Time）又称存储器访问时间，是指从启动一次存储器操作到完成该操作所经历的时间。

存储周期（Memory Cycle Time）指连续启动两次独立的存储器操作（例如连续两次读操作）所需间隔的最小时间。通常，存储周期略大于存取时间，其差别与主存储器的物理实现细节有关。到 20 世纪 80 年代初，采用 MOS 工艺的存储器，其存储周期最快已达 100 ns。目前，已有存储周期小于 10 ns 的 RAM 上市。

主存储器的速度和容量两项指标，随着存储器件的发展得到了极大的提高。但是，即使在半导体存储器件的价格已经大大下降的今天，具有合适价格的主存储器所能提供的存取速度还是跟不上 CPU 的处理指令和数据的速度。

2.3.3　存储器的组织和管理

主存储器用来暂时存储 CPU 正在使用的指令和数据，它和 CPU 的关系最为密切。主存储器和 CPU 的连接是由总线支持的，连接形式如图 2.6 所示。总线包括数据总线、地址总线和控制总线。CPU 通过使用 AR（地址寄存器）、DR（数据寄存器）和主存储器进行数据传送。若 AR 为 k 位字长，DR 为 n 位字长，则允许主存储器包含 2^k 个可寻址单位（字节或字）。在一个存储周期内，CPU 和主存储器之间通过总线进行 n 位数据传送。此外，控制总线包括控制数据传送的读

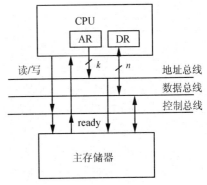

图 2.6　主存储器与 CPU 的连接形式

（read）、写（write）和表示存储器功能完成（ready）的控制线。

为了从存储器中取一个信息字，CPU 必须指定存储器字地址，并进行"读"操作。CPU 需要把信息字的地址送到 AR，经地址总线送往主存储器。同时，CPU 应用控制线发一个"读"请求。此后，CPU 等待从主存储器发来的回答信号，通知 CPU 的"读"操作完成。如图 2.6 所示的存储器与 CPU 的联系由主存储器通过 ready 控制线做出回答。若 ready 信号为"1"，则说明存储字的内容已经读出，并放在数据总线上，送入 DR。这时，"取"数操作完成。

为了"存"一个字到主存，CPU 先将信息字在主存中的地址经 AR 送到地址总线，并将信息字送入 DR，同时，发出"写"命令。此后，CPU 等待"写"操作完成信号。主存储器从数据总线接收到信息字并按地址总线指定的地址进行存储，然后经 ready 控制线发回存储器操作完成信号。这时，"存"数操作完成。

从以上内容可见，CPU 与主存储器之间采取异步工作方式，以 ready 信号表示一次访存操作的结束。

2.3.4　各种寻址方式

现代计算机工作方式的外在表现形式是，在主存储器中存储着两种性质截然不同的信息，即数据和指令。

1. 指令的寻址

（1）指令寻址的概念

指令的寻址方式是指指出下一条将要执行的指令在存储器中的地址的形式，通常有两种形式。当前执行的指令不改变程序的执行顺序（非转移类指令）时，将由指令计数器直接提供；若当前执行的指令是转移类指令，则有多种方式提供下一条指令的地址，这也是下面介绍的重点。

（2）程序计数器

程序计数器是指令寻址的焦点，也是存储指令寻址的结果。改变程序计数器的内容就会改变程序执行的顺序。由程序计数器的硬件结构可知，它有自动修改（＋1）功能，用于执行

非转移类指令；还有接收内部总线内容的功能，用于执行转移类指令或（中断处理时由硬件完成的）转移类操作。由此可见，指令的寻址方式有多种，但实质上都会改变程序计数器中的内容。

（3）指令的寻址方式

① 开机后的第一条指令地址。

当打开机器电源或按下复位（RESET）键时，CPU 内部会将程序计数器复位。对于不同的机型，复位后的内容是有差异的。例如，Z80 将程序计数器置为全零；Intel 8088/8086 将 CS:IP 置为 0FFFFH:0000H。当然，它们就是开机后要执行的第一条指令的地址。单片机则从程序存储器的 0 号地址开始执行程序。

② 顺序执行的寻址。

计算机工作过程是：先取指令，再执行指令。在执行指令时，程序计数器会自动修改其内容，也就是进行"＋1"操作，为取下一条指令做准备，这样周而复始地进行，就会完成顺序执行的程序。可见，这种寻址方式是机器自动完成的，当然对用户而言是不透明的。

"＋1"操作的目的一般是指出下条指令的地址。对于微型计算机而言，单字节指令就是下一条指令地址；多字节指令，则视具体字节的不同，"＋1"操作的次数也不同。同样，这一过程也是由机器自动识别、自动修改和自动完成的，如图 2.7 所示。

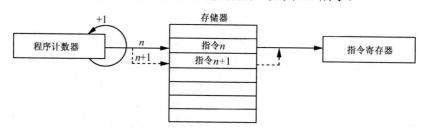

图 2.7　指令顺序执行时寻址示意图

③ 改变执行顺序的寻址。

当执行转移类指令，如条件转移、无条件转移或转子程序指令时，或有外部中断发生时，若 CPU 响应，则会转去执行中断服务程序。这些都需要改变程序的执行顺序，所以程序计数器中的"＋1"内容也就失去了作用，必须更新。

➤ 　直接寻址

直接寻址的指令格式是如下。

操作码（OP）	（转移）地址码

直接寻址的操作码为某种转移类指令。在直接寻址方式中，地址码为绝对转移地址，所给出的地址码是指令存储的物理地址。取指结束后，操作码送往指令寄存器，转移地址码直接送入程序计数器，原程序计数器（已加 1）的内容被冲掉。当进行后继指令取指时，则从新地址开始，从而实现了程序执行顺序的转移。转移指令直接寻址过程示意过程如图 2.8 所示。

➤ 　间接寻址

间接寻址与直接寻址的相同之处均是绝对转移，不同的是，间接寻址转移地址不是由指令的地址码直接给出的。间接寻址有两种形式：一种是转移地址在存储器某地址单元中；另一种是转移地址在 CPU 的某个寄存器中。

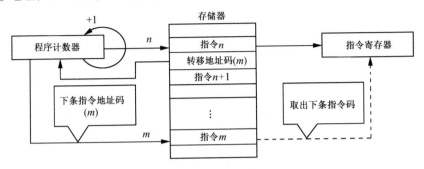

图 2.8　转移指令直接寻址过程示意

转移地址在存储器某地址单元中的指令格式如下。

操作码（OP）	地址码

指令的执行过程是，在取指令时将地址码送到 CPU 中的地址寄存器中，在执行指令时再进行一次访问内存操作，即按指令给出的地址码从存储器取出内容并将其送到 CPU 的程序计数器中，原程序计数器（已加 1）的内容被冲掉。当进行后继指令取指时，则从新地址开始，从而实现了程序执行顺序的转移。转移地址在存储器某地址单元中的转移过程示意如图 2.9（a）所示。

转移地址在 CPU 的指令格式如下。

操作码（OP）

对于寄存器间接寻址，在指令格式中并不直接表示出来，主要因寻址寄存器的编码短，可以在操作码中给出。原程序计数器（已加 1）的内容被冲掉，当进行后继指令取指时，则从新地址开始，从而实现了程序执行顺序的转移。转移地址在寄存器中转移过程示意如图 2.9（b）所示。

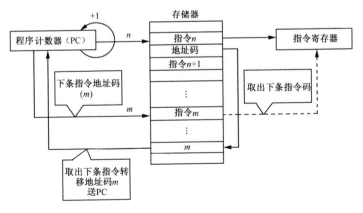

（a）转移地址在存储器某地址单元中的转移过程示意

图 2.9　转移过程示意

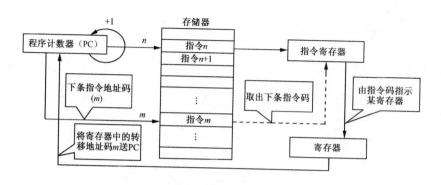

（b）转移地址在寄存器中的转移过程示意

图 2.9　转移过程示意（续）

➢　相对寻址

相对寻址的指令格式如下。

操作码（OP）	地址码（位移量）

相对寻址是指程序的转移地址以当前的指令地址为基准再加上一个有符号的位移量，将运算结果送入程序计数器中，从而实现程序的转移。相对寻址转移过程示意如图 2.10 所示。

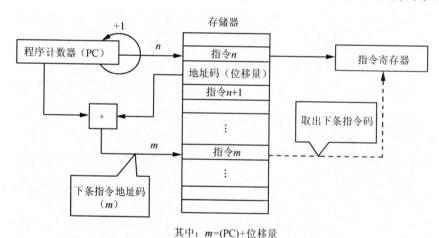

其中：$m=(PC)+$位移量

图 2.10　相对寻址转移过程示意

这种寻址方式的主要特点是，程序计数器指示的是现行指令地址，而指令中的位移量指出的是转移地址与 PC 内容之间的相对距离。当指令地址变化时，由于其位移量不变，使得转移地址与指令在可用的存储区内一起移动，所以仍能保证程序的正确执行。这样，整个程序模块就可以安排在主存中的任意区间执行。这是很有实用价值的，因此转移类指令常采用相对寻址方式。

应该注意两点：一点是，位移量为有符号数并用补码表示，当其为正时，程序向存储器的高端转移，若为负，则向低端转移；另一点是，由于在执行本指令时，程序计数器已经被修改为下条指令的地址，所以会发生转移偏差。若使用汇编程序对汇编语言源程序进行汇编，那么汇编程序会自动校正，但在手工汇编时必须注意这一点。

> 中断寻址

中断处理的实质也是改变程序执行的顺序。中断寻址方式的特点是改变程序执行的时间是随机的。

转移的过程是由软件和硬件共同完成的。由于中断处理的中间过程是不透明的，因此对全面了解中断技术带来不便。从指令寻址的角度看，它与子程序调用的过程相似。不同之处是，子程序的调用时间和条件是由程序设计者事先安排好的，而中断则是随机发生的。

综上所述，指令的寻址方式是多种多样的，而且与后面介绍的操作数的寻址方式在形式上有许多相同或相似之处，但从物理概念上讲却是截然不同的。

2．操作数的寻址

通常，操作数可能在指令中，或存放在主存储器的某地址单元中，或在 CPU 的某寄存器中，还可能存放在堆栈中或 I/O 接口中。当操作数存放在主存储器的某地址单元中时，若指令中的地址码不能直接用来访问主存，则将这样的地址码称为形式地址。对形式地址进行一定的计算而得到的存放操作的主存单元地址（可直接访问主存的地址）称为有效地址或物理地址。需要说明的是，在某些寻址方式中，例如 Intel 8088/8086，有效地址和物理地址是两个不同的概念。

下面介绍大多数机器常用的基本寻址方式。

（1）立即寻址（Immediate Addressing）

在指令中直接给出操作数，即让操作数占据地址码部分，在取出指令的同时也取出了操作数，立即有操作数可用，这种方式称为立即寻址。其指令格式如下。

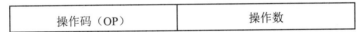

| 操作码（OP） | 操作数 |

这种方式不需要再寻找操作数，所以其指令的执行速度很快。但由于操作数是指令的一部分，不便修改，而且在很多场合，指令所处理的数据都是在不断变化的。因此，立即寻址只适用于操作数固定的情况，通常用于为主存单元和寄存器提供常数的场合。立即寻址的优点是立即数的位置随（程序）指令装入存储器的位置变化而变化。在使用时应注意，立即数只能作为源操作数。其立即寻址过程如图 2.11 所示（假设操作码长度为一个字节，操作数为一个字节，将其传送到 CPU 累加器 A 中）。

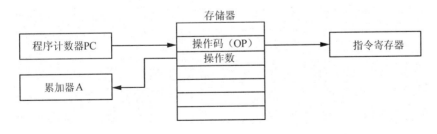

图 2.11　立即寻址过程

（2）直接寻址（Direct Addressing）

指令中的地址码给出的就是操作数所在主存单元的物理地址，或称实际地址。在指令执行期间，按该地址访问一次主存便获得操作数，这种寻址方式称为直接寻址。其指令格式如下。

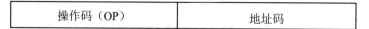

操作码（OP）	地址码

这种寻址方式不需做任何寻址计算，简单并易于硬件实现。但随着主存储器容量不断扩大，所需地址码越来越长，将导致指令的长度增加。此外，地址是指令的一部分，不能修改，因此只能用于访问固定主存单元。其寻址过程如图2.12所示（假设操作码长度为一个字节，地址码为一个字节，内存共256个地址单元，操作数为一个字节，并将其传送到CPU累加器A中）。

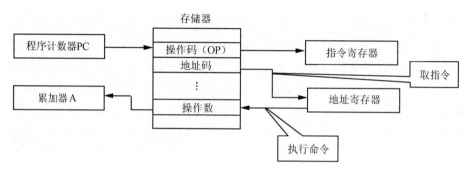

图2.12　直接寻址过程

（3）寄存器寻址（Register Addressing）

一般计算机都设置一定数量的通用寄存器，用以存放操作数、操作数地址及中间运算结果。指令中地址码部分给出某一通用寄存器的地址（寄存器名），所指定的寄存器中存放着操作数，称为寄存器直接寻址。其寻址过程如图2.13所示。

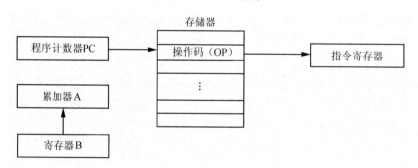

图2.13　寄存器寻址过程

这种寻址方式具有两个明显的优点：寄存器是CPU中的一部分，在寻址期间无须占用系统总线，因此寄存器存取数据的速度比主存快得多；由于寄存器的数量较少，其地址码也比主存单元地址码短得多，因而这种方式可以缩短指令长度，提高指令的执行速度，在现代计算机中得到广泛应用。

（4）间接寻址（Indirect Addressing）

指令地址码部分给出的并不是操作数的直接地址，而是存放操作数地址的主存单元地址（简称操作数地址的地址），这种寻址方式称为间接寻址，简称间址。间接寻址分为一次间址和多次间址两种。在多数计算机中，只允许一次间接寻址，其间接寻址过程如图2.14所示。

通常将主存单元称为间址单元或间接指示器。

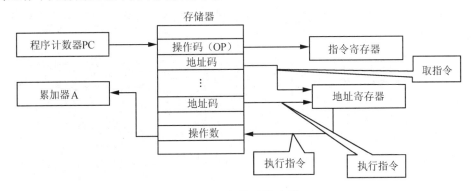

图 2.14　间接寻址过程

采用间址方式可将主存单元作为地址指针，用以指示操作数在主存单元的位置。它只要修改指针内容就等于修改了操作数的地址，无须修改指令。因此这种方式较直接寻址方式灵活，便于编程。但间接寻址在取指后至少要访问两次主存才能取出操作数，因此指令执行速度慢。

少数计算机允许多次间接寻址。通常将利用间址单元的最高位作为间址标志，若该位为 1，则表示需继续间接寻址，直到该单元间址标志为 0 为止，此时表明其内容是操作数的实际地址。

（5）寄存器间接寻址（Register Indirect Addressing）

为了克服间接寻址中访问内存次数多的缺点，可采用寄存器间接寻址，即指令中给出寄存器地址，被指定的寄存器中存放操作数的地址。其寻址过程如图 2.15 所示。

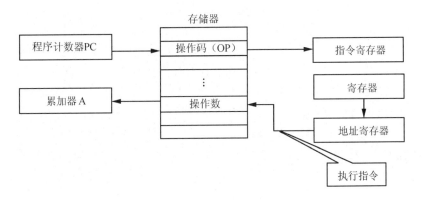

图 2.15　寄存器间接寻址过程

这种寻址方式的指令较短，并且在取指后只需访存一次便可得到操作数，因此指令执行速度较存储器间址方式快。在编程时常使用某些寄存器作为地址指针。如果在程序运行期间修改间址寄存器的内容，则使用这种寻址方式的同一指令可以访问不同的主存单元。

（6）变址寻址（Indexed Addressing）

程序设计的很多场合都需要操作数地址按某种规律变化，以增加寻址的灵活性。

指令中指定一个寄存器作为变址寄存器，并在指令地址码部分给出一个形式地址，变址寄存器的内容（称为变址值）与形式地址相加后的结果作为操作数的地址，这种寻址方式称为变址寻址。将只使用变址寄存器的内容作为操作数的地址称为变址寻址；若不仅使用变址寄存器，同时还与形式地址相加，则称为相对变址寻址。变址寻址过程如图 2.16 所示。

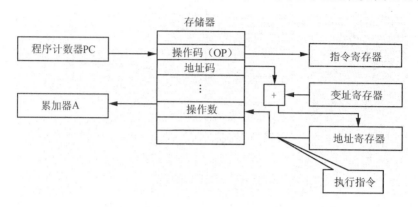

图 2.16　变址寻址过程

变址寻址的典型用法是将指令中的形式地址作为基准地址，而变址寄存器的内容作为修改量。

在某些计算机中，变址寄存器还具有自动增量和自动减量的功能，即每存取一个数据，它就根据这个数据的长度（所占字节数）自动增量或自动减量，以便指向存放下一个数据的主存单元地址，为存取下一个数据做准备。这就形成了自动变址方式，它可以进一步简化程序，常用在需要连续修改地址的场合。它相当于一种复合类指令，其执行时间取决于所处理数据量的多少。

变址寻址通常用于字符串处理和数组运算等成批数据处理中。变址还可以与间址结合起来使用，形成先变址后间址或先间址后变址等更为复杂的寻址方式。

（7）页面寻址（Page Addressing）

页面寻址是将整个主存空间划分为若干相等的区，每个区为一页，由页面号寄存器存放页面地址（内存高地址）。指令中的形式地址给出的是操作数存放单元在页内的地址（内存低地址），相当于页内位移量。将页面号寄存器内容（内存高地址）与指令给出的形式地址（内存低地址）相拼接从而形成操作数的有效地址，这种寻址方式称为页面寻址。

将页面寄存器与形式地址通过简单的拼装连接就可得到有效地址，无须进行计算，同时也解决了有限的地址码长度与大的主存容量之间的矛盾。它的另一优点是适于组织程序模块，并易于实现页面保护。

（8）基址寻址（Based Addressing）

基址寻址原是大型计算机经常采用的一种技术，用来将用户的逻辑地址（用户编程时所使用的地址）转换成主存的物理地址（程序在主存中的实际地址）。在多用户计算机系统中，由操作系统为多道程序分配主存空间。当用户程序装入主存时，就需进行逻辑地址到物理地址的变换，即程序重定位。操作系统给每个用户程序一个基址并放入相应的基址寄存器中，在程序执行时以基址为基准自动进行从逻辑地址到物理地址的变换。

由于多数程序在一段时间内往往只访问有限的一个存储区，所以被称为"程序执行的局部性"。利用这个特点可以缩短指令中地址字段的长度。设置一个基址寄存器存放这一区域的首址，而在指令中给出以首址为基准的位移量，两者之和为操作数的有效地址。基址寄存器的字长应足以指向整个主存空间，而位移量只需覆盖本区域即可。显然，利用基址寻址方式，既能缩短指令的地址字段长度，又可以扩大寻址空间。

基址寻址中，操作数的有效地址等于指令中形式地址与基址寄存器内容之和，即

$$EA=(Rb)+D$$

式中：Rb 为基址寄存器；D 为形式地址（这里表示位移量）。

基址寻址与变址寻址在形式上和操作数地址的形成方式上都十分相似。但在编程习惯上，使用变址寻址时，由变址寄存器提供修改量，指令中形式地址作为基准地址；而基址寻址时，由基址寄存器提供基准地址，指令中形式地址作为位移量（其位数往往较短）。在应用场合上，基址寻址面向系统，可用来解决程序在主存中的重定位和扩大寻址空间等问题；而变址寻址却面向用户，用于访问字符串、向量和数组等成批数据。

但在某些小型机、微型机中，基址寻址与变址寻址的界限往往是模糊的。

（9）其他寻址

除了以上寻址方式之外，还有位寻址、块寻址和堆栈寻址等。

位寻址指能寻址到位。这就要求对存储器不单按字节编址，还要按位编址。一般计算机是通过专门的位操作指令实现的，即采用隐式，由操作码 OP 隐含指明进行的是位操作。

块寻址是对连续的数据块进行寻址，对于连续存放的数据进行相同的操作。使用块寻址能有效压缩程序长度，加快程序的执行。块寻址必须指明块的首址和块长度，或者指明块首址和末址。

堆栈寻址使用堆栈指令对堆栈进行操作时，堆栈指令中的一个操作数地址是由堆栈指针 SP 隐含指定的，这种寻址方式称为堆栈寻址。SP 总是指向栈顶元素，对栈顶元素操作完后，SP 的值会及时修改以指向新的栈顶元素。

以上内容已介绍了一些基本的寻址方式。对一台具体的机器而言，它可能只采用其中的一些寻址方式，也可能将上述基本寻址方式稍加变化形成某种新的寻址方式，或者将两种或几种基本寻址方式相结合，形成某种特定的寻址方式。

2.4　常见 I/O 设备及 I/O 接口

1. 常见 I/O 设备

I/O 设备即输入/输出设备。CPU 是通过 I/O 设备与外界交换信息的。常见的输入设备有键盘、鼠标、扫描仪和光电输入机等；常见输出设备有 CRT 显示器和打印机等；而软盘、硬盘等外存储器既可以输入信息，也可以输出信息，是复合的 I/O 设备。I/O 设备种类繁多，有机械式的、电子式的和机电结合式的。I/O 设备的信号形式、数据格式也各不相同，有数字量、模拟量和开关量。相对于高速的 CPU 而言，I/O 设备的速度要慢得多。综合以上诸多因素，外设与 CPU 间必须通过接口电路相连，以完成它们之间速度、信号的匹配，并完成某些控制功能。微型计算机通过接口部件使各类外设与 CPU 连接起来，以构成完整的微机系统。

2. 典型 I/O 接口形式

如图 2.17 所示是一个典型的 I/O 接口形式，其中既有数据端口，又有状态端口和控制端口。每个 I/O 端口对应一个 I/O 地址。从硬件上来看，端口可以理解为寄存器或缓冲器，CPU

可以用I/O指令对其进行访问。数据端口可以是双向的，而状态端口只有输入操作，控制端口只有输出操作。有时候两个端口合用一个端口地址，即用I/O读或I/O写信号与地址信号组合后分别选择访问。

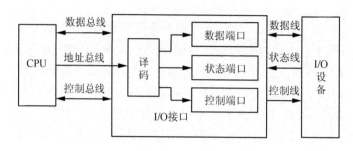

图2.17　典型的I/O接口形式

 本章小结

　　本章介绍了计算机系统的组成和微型计算机的结构、特点等。微型计算机是在中小型计算机基础上发展而来的，它的最大特点是采用总线结构。它的总线分为地址总线、数据总线、控制总线，存储器分为RAM和ROM。本章还介绍了微处理单元的结构、各种寻址方式的寻址过程和指令格式。

 习题2

1. 微处理单元内部结构由哪几部分组成？试述各部分的主要功能。
2. 微处理单元级总线有哪几种？每种总线的作用是什么？
3. 为什么地址总线是单向的，数据总线是双向的？
4. 如果某微处理单元有20条地址总线和16条数据总线，则

　（1）假定存储器地址空间和I/O地址空间是分开的，那么存储器地址空间有多大？

　（2）经由数据总线能传送的有符号数的范围有多大？

　如果微处理单元有16条地址总线和8条数据总线，则上述结果如何？

5. 解释下列名词术语。

指令与指令系统	操作码与操作数
定长指令与变长指令	寻址方式
逻辑地址	源操作数与目的操作数
累加器AC	程序计数器PC与堆栈指示器SP
定长操作码与扩展操作码	机器指令与汇编语言指令
通用寄存器	变址寻址与基址寻址
相对寻址与位移量	条件转移与无条件转移

6. 指令包括哪几部分？其含义是什么？
7. 什么是一地址指令系统？什么是二地址指令系统？什么是三地址指令系统？它们如何实现（X）—（Y）→（Z）的操作？

8．在二地址指令系统中操作结果安排在何处？

9．在一地址指令系统中，对于需要有两个操作数的操作（如逻辑与），如何指定两个操作数的地址？如何存放操作结果？

10．基本的寻址方式有几种？说明其寻址过程。

11．比较变址寻址与基址寻址的异同点。

第 3 章　中央处理单元

本章要点

➢ 掌握中央处理单元的功能及组成

➢ 了解 8088 微处理单元。

➢ 了解 CPU 的常用技术。

3.1　中央处理单元的功能及组成

3.1.1　什么是中央处理单元

中央处理单元（CPU，Central Processing Unit）是计算机系统的核心部件。

根据 CPU 一次能处理的二进制数据的位数（称为字长），通常把 CPU 称为多少位的 CPU。若 CPU 一次能处理字长为 8 位的二进制数据，则把该 CPU 称为 8 位 CPU，如 Z80；若 CPU 一次能处理字长为 16 位的二进制数据，则把该 CPU 称为 16 位 CPU，如 8086/8088、80286 等。此规则沿用至今，但是，随着知识产权意识的兴起，很多 CPU 也有了自己的品牌名称，例如"奔腾""酷睿""至强"等。

3.1.2　CPU 的功能

CPU 对整个计算机系统的运行是极其重要的，它具有以下 4 方面的功能。

1．指令控制

指令控制指 CPU 对程序的顺序控制。由于程序是一个指令序列，这些指令的相互顺序不能任意改变，必须严格按程序规定的顺序进行。因此，保证机器按顺序执行程序是 CPU 的首要任务。

2．操作控制

一条指令的功能往往由若干个操作信号的组合来实现。因此，CPU 管理并产生每条指令的操作信号，并把操作信号送往相应的部件，从而控制这些部件按指令的要求进行动作。

3．时间控制

CPU 对各种操作实施时间上的控制，称为时间控制。在计算机中，一方面，各种指令的操作信号均受到时间的严格控制；另一方面，一条指令的整个执行过程也受到时间的严格控制。只有这样，计算机才能有条不紊地自动工作。

4．数据加工

所谓数据加工，就是对数据进行算术运算和逻辑运算处理。完成数据的加工处理是 CPU

的根本任务。

3.1.3 CPU 的组成

CPU 内部结构大致可以分为指令控制单元、算术逻辑运算单元、寄存器组和时钟等几个主要部分。如图 3.1 所示为一个典型的 8 位微处理单元的内部结构。

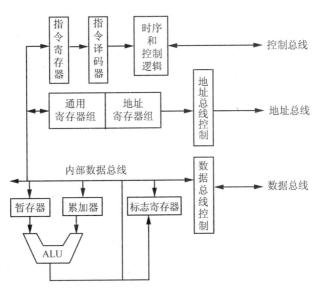

图 3.1 8 位微处理单元的内部结构

1．算术逻辑运算单元（ALU，Arithmetic Logic Unit）

算术逻辑运算单元（ALU）实际上就是计算机的运算器。它是计算机对数据进行加工处理的中心，主要由算术逻辑部件、通用寄存器组和状态寄存器组成。

算术逻辑部件主要完成对二进制信息的各种运算，包括算术运算和逻辑运算。

① 算术运算：加、减、增量（加 1）、减量（减 1）、比较、求反及求补等运算，有些微处理单元还可以进行乘、除运算。

② 逻辑运算：逻辑与、逻辑或、逻辑非、逻辑异或，以及移位、循环移位等运算和操作。

通用寄存器组用来保存参加运算的操作数和运算的中间结果。

状态寄存器的置位或复位条件，在不同机器中的规定有些差异。在程序中，状态位通常作为转移指令的判断条件。

2．指令控制单元

指令控制单元是计算机的控制器，是计算机的控制中心，决定了计算机运行过程的自动化。它不仅要保证程序的正确执行，而且要能处理异常事件。指令控制单元一般包括指令控制逻辑、时序控制逻辑、总线控制逻辑及中断控制逻辑等几部分。

指令控制逻辑要完成取指令、分析指令和执行指令的操作。

时序控制逻辑要为每条指令按时间顺序提供应有的控制信号。一般时钟脉冲就是最基本的时序信号，是整个机器的时间基准，称为机器的主频。执行一条指令所需要的时间称为一个指令周期，不同指令的周期有可能不同。一般为便于控制，根据指令的操作性质和控制性质不同，会把指令周期划分为几个不同的阶段，每个阶段就是一个 CPU 周期。早期 CPU 和内存在速度上的差异不大，所以 CPU 周期通常和存储器存储周期相同。后来，随着 CPU 的发展，它在速度上已经比存储器要快很多，于是常常将 CPU 周期定义为存储器存储周期的几分之一。

总线控制逻辑是为多个功能部件服务的信息通路的控制电路。就 CPU 而言，它一般分为内部总线和 CPU 对外联系的外部总线。外部总线有时又称系统总线、前端总线（FSB）等。

中断是指计算机由于异常事件，或者一些随机发生需要马上处理的事件，引起 CPU 暂时停止现在程序的执行，转向另一服务程序去处理这一事件，处理完毕再返回原程序的过程。由机器内部产生的中断，可把它称为陷阱（内部中断）；由外部设备引起的中断称为外部中断。

3. CPU 中的主要寄存器（Register）

寄存器是 CPU 内部的高速存储单元，不同的 CPU 配有不同数量、不同长度的一组寄存器。有些寄存器不面向用户，对它们的工作，用户不需要了解；有些寄存器则面向用户，可称为"透明"寄存器，供编程使用，这些寄存器在程序中频繁使用，被称为可编程序寄存器。

由于访问寄存器比访问存储器快捷和方便，所以各种寄存器用来存放临时的数据或地址，具有数据准备、数据调度和数据缓冲的作用。从指令角度看，一般含有两个操作数的指令中，必有一个为寄存器操作数，这样可以缩短指令长度和指令的执行时间。

各种计算机的 CPU 可能有很多差异，但是，从应用角度看，通常可以将寄存器分成以下3 类。

① 通用寄存器

通用寄存器在 CPU 中数量最多，它们既可以存放数据，又可以存放地址，使用频率非常高，是调度数据的主要手段。其中，最常用的通用寄存器是累加器，在运算器进行算术、逻辑运算时，累加器常被用于存放运算的结果。

② 地址寄存器

地址寄存器主要用来存放当前 CPU 所要访问的内存的地址，也用于内存的寻址操作，因而也称为地址指针或专用寄存器，如变址寄存器、堆栈指针及指令指针等。地址寄存器的功能比较单一，在访问内存时，可以通过它形成各种寻址方式。

③ 标志寄存器

标志寄存器用来保存由算术运算指令和逻辑运算指令运行或测试结果建立的各种状态码内容，如运算结果进位标志（CF）、运算结果溢出标志（OF）和运算结果为零标志（ZF）等。这些标志位通常分别用 1 位触发器保存。

除此之外，标志寄存器还保存中断和系统工作状态等信息，以便使 CPU 和系统能及时了解机器运行状态和程序运行状态。因此，标志寄存器是一个表示各种标志和状态的寄存器。

3.2　8088 微处理单元

前面讨论了 CPU 的基本组成、各部分的功能及 CPU 的典型技术，这里将介绍一个具体的微处理单元——Intel 公司的 8088 微处理单元。在 IBM 公司设计的微型计算机 IBM PC 和IBM PC/XT 中，都选用了 8088 微处理单元。

　　8088 微处理单元是一个准 16 位的微处理单元,其内部的数据处理能力达到了 16 位字长,但其外部数据总线的宽度只有 8 位。所以，当它和外界进行数据交换时，每次只能输入或输出一个字节。

3.2.1　8088 的寄存器结构

　　8088 的寄存器结构如图 3.2 所示。CPU 内部有 14 个寄存器，都采用 16 位的结构，通常分为通用寄存器、控制寄存器和段寄存器 3 组。

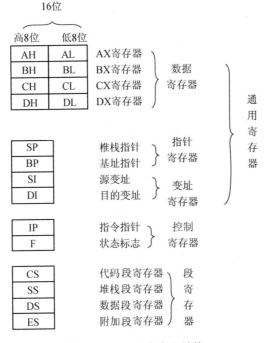

图 3.2　8088 的寄存器结构

1．通用寄存器

　　通用寄存器包括 4 个数据寄存器、两个指针寄存器和两个变址寄存器。

　　① 4 个数据寄存器即 AX、BX、CX 和 DX，其长度均为 16 位。但是它们都可以拆成高 8 位和低 8 位两个寄存器来使用。拆成 8 位寄存器后，高 8 位依次用 AH、BH、CH、DH 表示；低 8 位依次用 AL、BL、CL、DL 表示。数据寄存器用来临时存放参与本次运算的操作数。在 8088 的指令系统中，这些数据寄存器的一般用法和隐含用法如表 3.1 所示。

表 3.1　通用寄存器的用法

寄　存　器	一　般　用　法	隐　含　用　法
AX	16 位累加器	字乘时提供一个操作数并保存积的低字；字除时提供被除数的低字，运算结束时保存商
AL	8 位累加器	字节乘时提供一个操作数并保存积的低字节；字节除时提供被除数的低字节，运算结束时保存商；在 BCD 码运算指令和 XLAT 指令中用做累加器；字节 I/O 操作中保存 8 位输入、输出数据

续表

寄 存 器	一 般 用 法	隐 含 用 法
AH	AX 的高 8 位	字节乘时提供一个操作数并保存积的高字节；字节除时提供被除数的低字节，运算结束时保存余数；在 LAHF 指令中充当目的操作数
BX	基址寄存器	在 XLAT 指令中提供源操作数的间接地址
CX	16 位计数器	串操作时用做串长计数器；循环操作中用做循环次数计数器
CL	8 位计数器	移位或循环移位时，当移位次数大于 1 次时用做循环次数计数器
DX	16 位数据寄存器	在间接寻址的 I/O 指令中提供端口地址；字乘时提供一个操作数，运算结束时保存积的高字；字除时提供被除数的低字，运算结束时保存余数

② 两个指针寄存器：SP 和 BP，都是 16 位的寄存器，不可以拆开使用。它们在 8088 指令系统中的应用如表 3.2 所示。

表 3.2   指针寄存器在 8088 指令系统中的应用

寄 存 器	一 般 用 法	隐 含 用 法
SP	堆栈指针，与 SS 配合指示堆栈栈顶的物理位置	压入堆栈、弹出栈被修改，始终指示栈顶
BP	基址指针，支持间接寻址、基址寻址和基址加变址等多种寻址手段	

③ 两个变址寄存器：SI 和 DI，也都是 16 位的寄存器，不可以拆开使用。它们在 8088 指令系统中的应用如表 3.3 所示。

表 3.3   变址寄存器在 8088 指令系统中的应用

寄 存 器	一 般 用 法	隐 含 用 法
SI	源变址寄存器，支持间接寻址、变址寻址及基址加变址等多种寻址手段	串操作时用做源变址寄存器，指示数据段（段默认）或其他段（段超越）中源操作数的偏移地址
DI	目的变址寄存器，支持间接寻址、变址寻址及基址加变址等多种寻址手段	串操作时用做目的变址寄存器，指示附加段中目的操作数的偏移地址，不能段超越

2. 控制寄存器

控制寄存器包括指令指针寄存器和状态标志寄存器，都是 16 位的，不可以拆开使用。

① 指令指针寄存器用 IP 表示，该寄存器用于存放内存某单元的有效地址，该单元中存放 1 条指令（或指令的 1 个字节）。CPU 取出这条指令后，IP 自动加 1，指向下一条指令（或指令的下一个字节）。

② 状态标志寄存器用 F 表示，用来存放现行指令执行后的一些状态信息，以及程序状态字 PSW（Program Status Word）。所以该寄存器又称为程序状态字寄存器，如图 3.3 所示。

15	14	13	12	11	10	9	8	7	6	5	4	3	2	1	0
				OF	DF	IF	TF	SF	ZF		AF		PF		CF

图 3.3   程序状态字寄存器

PSW 中一共定义了 9 个有效位，各标志位的含义如表 3.4 所示。

表 3.4　PSW 各标志位的用法和含义

标　志　位	用法和含义
DF	方向控制位。若设置 DF=1，则串操作后，源或目的操作数的地址均向增址方向调整；若设置 DF=0，则串操作后，源或目的操作数的地址均向减址方向调整
IF	中断允许控制位。若设置 IF=1，则允许 CPU 响应可屏蔽中断；若设置 IF=0，则不允许 CPU 响应可屏蔽中断
TF	陷阱控制位。若设置 TF=1，则在 CPU 运行中设置陷阱，此时 CPU 每执行一条指令就产生一个单步中断，用户可以在中断服务中对当前指令的执行情况进行调查；若设置 TF=0，则表示不设置陷阱，该标志主要用于程序的单步调试
OF	溢出标志位。反映有符号数的运算结果是否超出其所能表示的范围：字运算的范围为 $-32\,768\sim +32\,767$，字节运算的范围为 $-128\sim +127$，超出则溢出。OF=1，表示结果溢出；OF=0，表示结果未溢出
SF	符号标志位。反映运算结果最高有效位是 0 还是 1；对有符号数运算来说，反映运算结果是正还是负。若 SF=1，则反映运算结果最高有效位为 1（或结果为负）；若 SF=0，则反映运算结果最高有效位为 0（或结果为正）
ZF	零标志位。反映运算结果是否为全 0。若 ZF=1，则表示运算结果为全 0；若 ZF=0，则表示运算结果不为全 0
AF	辅助标志位。该标志主要用于 BCD 码运算后的调整。反映运算中低 4 位向前有无进位或借位。若 AF=1，则表示有进位或借位；若 AF=0，则表示没有进位或借位
PF	校验标志位。反映运算结果中 1 的个数是否为偶数。若 PF=1，则表示运算结果中有偶数个"1"；若 PF=0，则表示运算结果中有奇数个"1"
CF	进位标志位。对于无符号数运算，若 CF=1，则说明（最终）结果溢出；若 CF=0，则说明（最终）结果不溢出

DF、IF 和 TF 为控制标志位，用户可以通过专门的指令设置它们为 0 或 1，从而控制 CPU 的运行状态。

OF、SF、ZF、AF、PF 和 CF 为状态标志位，它们将自动记录程序的运行状态，通过对它们的判断可以决定程序下一步的走向。许多指令的执行都可以改变这些状态标志位，但是用户不能对它们进行直接的编程控制（CF 除外）。

3. 段寄存器

段寄存器包括代码段寄存器 CS（Code Segment Register）、堆栈段寄存器 SS（Stack Segment Register）、数据段寄存器 DS（Data Segment Register）和附加段寄存器 ES（Extra Segment Register）。它们分别存放代码段、堆栈段、数据段和附加段的段地址。

3.2.2　8088 的功能结构

如图 3.4 所示是 8088 的内部结构。

从功能上讲，8088 CPU 可以分成总线接口单元 BIU（Bus Interface Unit）和执行单元 EU（Execution Unit）两大模块。

总线接口单元 BIU 负责与存储器交换信息，主要完成以下工作。

① BIU 负责从内存的指定单元取出指令，并送到指令队列中排队。

② 执行指令时，涉及的内存操作数也由 BIU 从内存的指定单元中取出，并送到执行单元 EU。

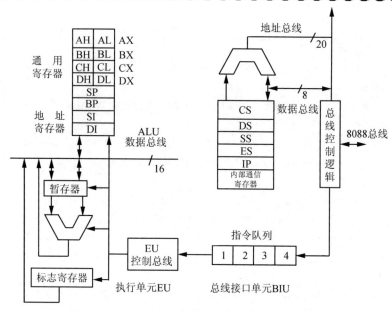

图 3.4　8088 的内部结构

③ 运算结果也由 BIU 负责写入内存的指定单元。

④ 由于内存单元使用 20 位地址编码，而 CPU 寄存器均为 16 位，所以 BIU 也负责生成内存单元为 20 位的物理地址。

执行单元 EU 从指令队列中取指令，译码并执行，执行结果存入通用寄存器，或者由 BIU 负责写入内存单元。该单元无直接对外的接口，要译码的指令将从 BIU 的指令队列中获取。除了最终形成 20 位物理地址的运算需要 BIU 完成功能外，所有的逻辑运算，包括形成 16 位有效地址（EA）的运算均由 EU 来完成。

以上两个单元相互独立，构成两条作业流水线。在很多时候，两条流水线可以并行工作，从而极大地提高了 CPU 的效率，加快了整机的运行速度。

3.2.3　8088 CPU 的引脚及其功能

8088 的引脚如图 3.5 所示。8088 有 40 条引脚，双列直插式封装。为了解决多功能与引脚的矛盾，在 8088 内部设置了若干个多路开关，使某些引脚具有多种功能。这些引脚功能的转换分为两种情况：一种是分时复用，在总线周期的不同时钟周期内引脚具有不同的功能；另一种是通过工作模式控制引脚上外加的信号来改变 8088 的工作模式，使同一引脚在不同的工作模式下，具有不同的功能。

当 8088 和存储器、I/O 接口组成一个计算机系统时，根据系统要求的不同，8088 CPU 有两种工作模式：最小工作模式系统和最大工作模式系统。

最小工作模式系统通常指计算机系统中只有一个微处理单元，即 8088 CPU，系统中的所有控制信号都由 8088 直接产生。最大工作模式系统通常指系统中存在两个或两个以上的微处理单元，系统中的控制信号大部分由总线控制器 8288 产生。

在不同的工作模式下，8088 的 24～31 引脚具有不同的含义。下面将 8088 的 40 条引脚分成 3 类来介绍。

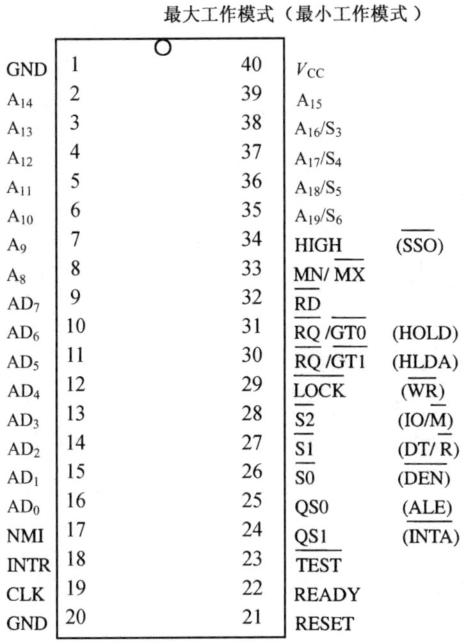

最大工作模式（最小工作模式）

```
                    ○
        GND  ┌ 1        40 ┐  V_CC
        A14  │ 2        39 │  A15
        A13  │ 3        38 │  A16/S3
        A12  │ 4        37 │  A17/S4
        A11  │ 5        36 │  A18/S5
        A10  │ 6        35 │  A19/S6
        A9   │ 7        34 │  HIGH    (SSO)
        A8   │ 8        33 │  MN/MX
        AD7  │ 9        32 │  RD
        AD6  │ 10       31 │  RQ/GT0  (HOLD)
        AD5  │ 11       30 │  RQ/GT1  (HLDA)
        AD4  │ 12       29 │  LOCK    (WR)
        AD3  │ 13       28 │  S2      (IO/M)
        AD2  │ 14       27 │  S1      (DT/R)
        AD1  │ 15       26 │  S0      (DEN)
        AD0  │ 16       25 │  QS0     (ALE)
        NMI  │ 17       24 │  QS1     (INTA)
        INTR │ 18       23 │  TEST
        CLK  │ 19       22 │  READY
        GND  └ 20       21 ┘  RESET
```

图 3.5 8088 的引脚

1. 最小/最大工作模式的共用引脚

$AD_7 \sim AD_0$：地址/数据线，双向，3 态，这是 8 条分时复用多功能引脚。在访问存储器和 I/O 的总线周期 T1 状态时，它们用做地址总线低 8 位 $A_7 \sim A_0$，输出所访问的存储器或 I/O 端口地址，然后内部的多路转换开关将它们转换为数据总线 $D_7 \sim D_0$，用来传送数据，直到总线周期结束。在 DMA 方式下，这些引脚浮空。

$A_{15} \sim A_8$：地址线，输出信号，3 态。这些地址线在整个总线周期内保持有效（即输出稳定的高 8 位地址）。在 DMA 方式下，这些引脚浮空。

A_{19}/S_6、A_{18}/S_5、A_{17}/S_4、A_{16}/S_3：地址/状态线，输出信号，3 态，这是 4 条分时复用的多功能引脚。在存储器操作的总线周期 T1 状态下，用做地址总线高 4 位；在 I/O 操作时，由于 I/O 接口只用 16 位地址，这些线为低电平。在总线周期 T2～T4 期间，输出状态信息：S_6 总为低电平；S_5 是可屏蔽的中断允许标志，它在每一个时钟周期开始时被修改；S_4 和 S_3 用以指示哪一个段寄存器正在被使用。在 DMA 方式下，这些引脚浮空。

当 $S_4 S_3 = 00$ 时，表示 CPU 当前使用 DS；

当 $S_4 S_3 = 01$ 时，表示 CPU 当前使用 SS；

当 $S_4 S_3 = 10$ 时，表示 CPU 当前使用 CS；

当 $S_4 S_3 = 11$ 时，表示 CPU 当前使用 ES。

CLK：时钟信号，供输入用。CLK 为 CPU 和总线控制提供定时基准。

RESET：复位信号，输入信号，高电平有效。复位信号引起处理单元立即结束现行操作，把内部标志寄存器 FLAG、段寄存器 DS、SS、ES 及指令指针 IP 置 0，代码段寄存器 CS 置为 0FFFFH。为了保证完成内部的复位过程，RESET 信号必须至少保持 4 个时钟周期的高电平。RESET 恢复低电平时，CPU 就从 0FFFF0H 单元开始启动。

$\overline{RD}$：读信号，输出信号，低电平有效。$\overline{RD}$ 信号有效时，表示 CPU 进行存储器读或 I/O 读（取决于 IO/$\overline{M}$ 信号）。在 DMA 方式时，此引脚浮空。

READY：准备就绪信号，输入信号，高电平有效。当被访问的存储器或 I/O 端口无法在 CPU 规定的时间内完成数据传送时，应使 READY 信号处于低电平，这时 CPU 进入等待状态。

$\overline{\text{TEST}}$：测试信号，输入信号，低电平有效。当执行 WAIT 指令时，每隔 5 个时钟周期，CPU 就对 $\overline{\text{TEST}}$ 信号进行采样。若 $\overline{\text{TEST}}$ 为高电平，则 CPU 重复执行 WAIT 指令而处于等待状态，一直到它变为低电平时，CPU 才脱离等待状态，继续执行下一条指令。

INTR：可屏蔽中断请求，输入信号，高电平有效。CPU 在每条指令的最后一个时钟周期内采样 INTR 线。若发现 INTR 引脚为高电平，同时 CPU 内部中断允许标志 IF＝1，则 CPU 就进入中断响应周期。

NMI：不可屏蔽中断请求，输入信号，边沿触发。该请求不能被软件屏蔽，只要引脚上出现从低电平到高电平的变化，CPU 在现行指令结束后就响应中断。

MN/$\overline{\text{MX}}$：该引脚规定 8088 以何种模式工作。若该引脚接电源（＋5V），则 8088 工作于最小工作模式；若该引脚接地，则 8088 工作于最大工作模式。

2．8088 最小工作模式系统

8088 最小工作模式系统结构示意图如图 3.6 所示。系统使用 8286 作为数据总线的双向驱动器，使用 2～3 片 8282 作为地址锁存器。

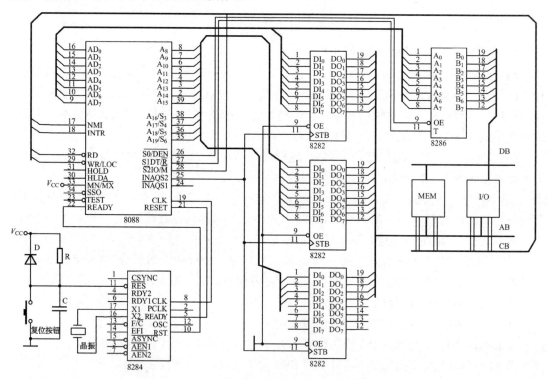

图 3.6　8088 最小工作模式系统结构示意图

ALE：地址锁存允许信号，输出信号，高电平有效。在总线周期的 T1 期间，ALE 为高电平。在 ALE 的下降沿期间将地址/状态线（A_{19}～A_{16}）和地址/数据线（AD_7～AD_0）上出现的地址信号，锁存到 8282 地址锁存器中。

$\overline{\text{DEN}}$：数据允许，输出信号，低电平有效。在使用 8286 作为数据总线双向驱动器的最小工作模式系统中，它作为 8286 的输出允许信号，并在存储器访问周期、I/O 访问周期或中断响应周期内有效。在 DMA 方式时，此引脚浮空。

$DT/\overline{R}$：数据发送/接收控制信号，输出信号。在使用 8286 作为数据总线双向驱动器的最小工作模式系统中，$DT/\overline{R}$ 确定数据传送方向。$DT/\overline{R}=1$ 时，发送数据（CPU 写）；$DT/\overline{R}=0$ 时，接收数据（CPU 读）。在 DMA 方式时，此引脚浮空。

$IO/\overline{M}$：输出信号。输出低电平时，访问存储器；输出高电平时，访问 I/O。在 DMA 方式时，此引脚浮空。

$\overline{WR}$：写信号，输出信号，低电平有效。$\overline{WR}$ 信号有效时，表示 CPU 进行存储器写或 I/O 写（取决于 $IO/\overline{M}$ 信号）。在 DMA 方式时，此引脚浮空。

$\overline{INTA}$：中断响应信号，输出信号，低电平有效。它在每个中断响应周期的 T2、T3 和 TW 状态下有效。

HOLD：总线保持请求信号，输入信号，高电平有效。它是系统中其他处理单元向 CPU 发出的总线请求信号。

HLDA：总线保持响应信号，输出信号，高电平有效。当 CPU 同意让出总线控制权时，发出总线响应信号。

$\overline{SSO}$：状态信号，输出信号。$\overline{SSO}$ 用在最小工作模式系统，它与 $IO/\overline{M}$、$DT/\overline{R}$ 一起，反映现行总线周期状态。

由于 8088 的 $AD_7 \sim AD_0$ 是地址/数据复用总线，在数据传送之前，必须先将地址锁存起来。此操作可利用锁存器 8282 来完成。它有 8 根输入线和 8 根输出线，以及两个控制信号 STB 和 $\overline{OE}$。当 STB 的电平由高变低时，芯片将输入端的信息存入锁存器；$\overline{OE}$ 为输出控制信号，当它为低电平时，将锁存器里的信息送到输出端，为此，CPU 的 ALE 需接到 STB 上。

在 IBM PC/XT 中，8088 CPU 的数据线是经过数据总线驱动器接到数据总线上的。由于数据是双向传输的，因此要采用双向总线驱动器。常用的 8 位双向总线驱动器为 8286。8286 的 $A_7 \sim A_0$ 引脚接 8088 CPU 的 $AD_7 \sim AD_0$，其 $B_7 \sim B_0$ 引脚接到数据总线 $D_7 \sim D_0$，而 8088 CPU 的 $DT/\overline{R}$ 接 8286 的 T 引脚。当 $DT/\overline{R}$ 为高电平时，数据从 8088 CPU 发送到系统总线上；当 $DT/\overline{R}$ 为低电平时，CPU 则从系统数据总线上接收数据。8286 的 $\overline{OE}$ 引脚与 8088 CPU 的 $\overline{DEN}$ 引脚相接，在 $\overline{DEN}$ 端为低电平期间，才允许数据输入/输出。

3．最大工作模式系统

8088 最大工作模式系统结构示意图如图 3.7 所示。

$\overline{S2}$、$\overline{S1}$、$\overline{S0}$：输出 CPU 状态信号，低电平有效。8288 利用这些信号的不同组合，产生访问存储器或 I/O 端口的控制信号。

8288 总线控制器是专门为 8088 构成最大工作模式而设计的，用以提供有关的总线命令，它具有较强的驱动能力。

8288 根据 $\overline{S2}$、$\overline{S1}$、$\overline{S0}$ 状态信号译码后，产生以下控制信号。

$\overline{INTA}$：CPU 对中断请求的响应信号。

$\overline{MRDC}$、$\overline{MWTC}$、$\overline{IORC}$、$\overline{IOWC}$：两组读写控制信号，分别用来控制存储器读/写和 I/O 读/写。

$\overline{AIOWC}$、$\overline{AMWC}$：超前的 I/O 写命令和超前的内存写命令，其功能分别和 $\overline{IOWC}$ 与 $\overline{MWTC}$ 一样，只是前者将超前一个时钟周期发出。

ALE：地址锁存允许信号，功能和最小工作模式系统中的 ALE 相同。

$\overline{DEN}$ 和 DT/$\overline{R}$：分别为数据允许信号和数据发/收控制信号，功能同最小工作模式系统中的 $\overline{DEN}$ 和 DT/$\overline{R}$ 一样，只是 $\overline{DEN}$ 的相位和最小工作模式系统中的 $\overline{DEN}$ 相反。

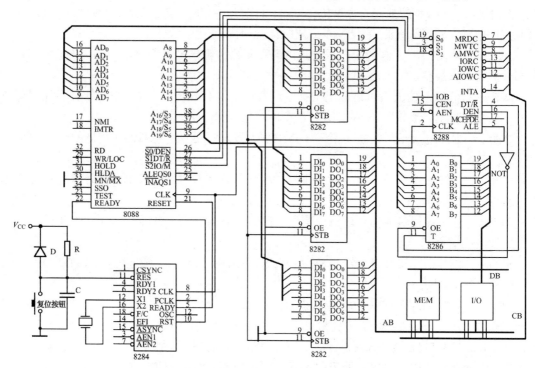

图 3.7　8088 最大工作模式系统结构示意图

$\overline{RQ}/\overline{GT0}$、$\overline{RQ}/\overline{GT1}$：总线请求/允许控制信号，双向，低电平有效。这两个引脚供外部的主控设备用来请求获得总线控制权。当两者同时有请求时，$\overline{RQ}/\overline{GT0}$ 优先输出允许信号。

请求和允许的次序如下。

① 由其他主控设备通过 $\overline{RQ}/\overline{GT}$ 引脚向 8088 发出宽度为一个时钟周期的负脉冲，表示请求控制总线，相当于最小工作模式系统的 HOLD。

② CPU 在当前总线周期的 T4 或下一个总线周期的 T1 状态下，输出宽度为一个时钟周期的负脉冲，通知主控设备，8088 同意让出总线（相当于最小工作模式系统的 HLDA），从下一个时钟周期开始，CPU 释放总线。

③ 主控设备总线操作结束后，输出宽度为一个时钟周期的脉冲给 CPU，表示总线请求结束，CPU 在下一个时钟周期开始重新控制总线。

$\overline{LOCK}$：总线封锁信号，输出信号，低电平有效。当 $\overline{LOCK}$ 为低电平时，表示 CPU 要独占总线使用权。这个信号是用指令在程序中设置的，如果一条指令中有前缀"LOCK"，则8088 执行这条指令时，$\overline{LOCK}$ 引脚为低电平，并保持到指令结束，以避免指令执行过程被中断。在 DMA 方式下，此引脚浮空。

QS1、QS0：指令队列状态信号，输出信号，高电平有效。QS1、QS0 提供一种状态，允许外部追踪 8088 内部的指令队列。

当 QS1 QS0＝00 时，无操作；

当 QS1 QS0＝01 时，取指令队列中第一操作码；

当 QS1 QS0＝10 时，清除队列缓冲器；

当 QS1 QS0＝11 时，取指令队列中后续字节。

3.2.4 8088 的典型时序

一个微机系统为了实现自身的功能，需要执行多种操作。这些操作均在时钟的同步下，按时序一步一步地进行。了解 CPU 的操作时序，是掌握微机系统的重要基础，也是了解系统总线功能的手段。

1．指令周期、总线周期和 T 状态

计算机的操作是在系统时钟 CLK 控制下严格定时的。每一个时钟周期称为一个"T 状态"，T 状态是总线操作的最小时间单位。CPU 从存储器或 I/O 端口存取一个字节所需的时间称为"总线周期"。CPU 执行一条指令所需的时间称为"指令周期"。

8088 的指令长度是不等的，最短为 1 个字节，最长为 6 个字节。显然，从存储器取出 1 条 6 字节长的指令，仅仅"取指令"就需要 6 个总线周期；指令取出后，在执行阶段，又需花费时间。

虽然各条指令的指令周期不同，但它们都由存储器读/写周期、I/O 端口读/写周期及中断响应周期等基本的总线周期组成。

8088 与外设进行读/写操作的时序同 8088 与存储器进行读/写操作的时序几乎完全相同，只是 IO/$\overline{\text{M}}$ 信号不同。IO/$\overline{\text{M}}$ 信号为高电平时，8088 对外设进行读/写操作；IO/$\overline{\text{M}}$ 信号为低电平时，8088 对存储器进行读/写操作。这里仅介绍存储器的读/写周期。

2．存储器读周期

存储器读周期时序如图 3.8 所示。

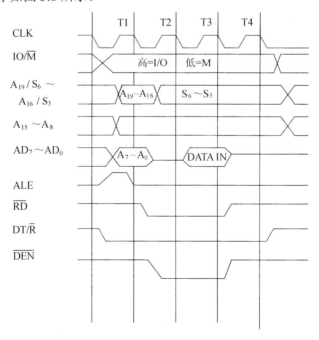

图 3.8　存储器读周期时序

一个基本的存储器读周期由 4 个 T 状态组成。

（1）T1 状态

① IO/$\overline{\text{M}}$ 变为有效。由 IO/$\overline{\text{M}}$ 信号来确定是与存储器通信还是与外设通信。

② 从 T1 开始，$A_{19}/S_6 \sim A_{16}/S_3$、$A_{15} \sim A_8$、$AD_7 \sim AD_0$ 线上出现 20 位地址。

③ ALE 有效，地址信息被锁存到外部的地址锁存器 8282 中。

④ DT/$\overline{\text{R}}$ 为低电平。

（2）T2 状态

① $A_{19}/S_6 \sim A_{16}/S_3$ 复用线上由地址信号变为状态信号。

② $AD_7 \sim AD_0$ 转为高阻，为读取数据做准备。

③ $\overline{\text{RD}}$ 为低电平，从选中的内存单元读出数据，送到数据总线上。

④ $\overline{\text{DEN}}$ 信号变为低电平，和 DT/$\overline{\text{R}}$ 一起作为双向数据总线驱动器 8286 的选通信号，打开它的接收通道，使数据线上的信息得以通过它传送到 CPU 的 $AD_7 \sim AD_0$。

（3）T3 状态

CPU 在 T3 的下降沿采样数据线以获取数据。

（4）T4 状态

8088 使控制信号变为无效。

如果存储器工作速度较慢，不能满足正常工作时序的要求，则需采用一个产生 READY 信号的电路，使 8088 在 T3 和 T4 状态之间插入 T_W 状态。8088 在 T3 状态前沿采样 READY 线，若其电平为低，则 T3 状态结束后，插入 T_W 状态，以后在每个 T_W 前沿采样 READY 线，直到它变为高电平，结束 T_W 状态进入 T4 状态。在 T_W 状态下，8088 的控制和状态信号不变，如图 3.9 所示。

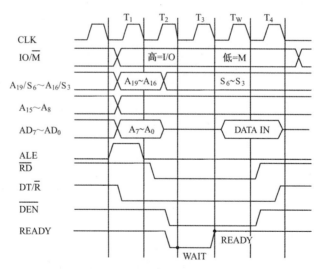

图 3.9　具有 T_W 状态下的存储器读周期时序

3. 存储器写周期

存储器写周期时序如图 3.10 所示，它也由 4 个 T 状态组成。

存储器写周期和存储器读周期的时序基本类似。不同之处表现在以下 3 方面：

① 在 T2 状态下，也即当 16 位地址线 $A_{15} \sim A_0$ 由 ALE 锁存后，CPU 就把要写入存储器的 8 位数据放在 $AD_7 \sim AD_0$ 上。

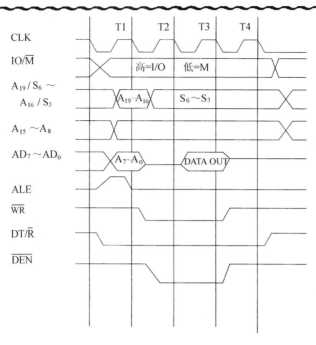

图 3.10　存储器写周期时序

② 在 T2 状态下，WR 信号有效，进行写入。

③ DT/$\overline{\text{R}}$ 在整个写周期输出高电平，它和 $\overline{\text{DEN}}$ =0 相配合，选通双向数据总线驱动器 8286 的发送通道，使 AD$_7$～AD$_0$ 的数据得以通过它发送到数据线上。

具有 T$_W$ 状态的存储器写周期时序与具有 TW 状态的存储器读周期时序类似。

3.2.5　综合举例

为了更全面地理解 CPU 的工作原理，下面通过一个数据传送指令的实例，将指令、引脚和时序的关系做进一步的说明。

1．对指令的理解

以下是对指令 MOV　AX，[2300H] 的理解。

这是一条数据传送指令，且指令长度为 3 个字节；这是一条直接寻址的数据传送指令，且源数据位于内存，目的是 CPU 内的 AX 寄存器。

因为 AX 是 16b（两个字节），所以源数据存于内存的两个连续地址单元中。

2．指令的执行过程

取指令周期，因指令长度为 3 个字节，所以执行 3 次。

执行指令周期，由于是数据传送且数据长度为两个字节，所以执行两次存储器读周期。

结束本条指令，为取下一条指令做好准备。

3．引脚的输出

地址总线（A$_{19}$～A$_8$、AD$_7$～AD$_0$）分 3 次输出指令地址，对应着指令的 3 个字节。

地址锁存允许信号（ALE）是一个同步信号，它的作用是将 CPU 输出的地址码存入地址寄存器，同时为经 AD$_7$～AD$_0$ 读写数据做好准备。

数据总线（$AD_7 \sim AD_0$）共传送 5 个字节，前 3 个为指令代码，后两个是送到 AX 的 16 位数据。

$IO/\overline{M}$ 因为是访问内存操作，所以它为低电平。

其他引脚的输出形式可参照前面的时序图自行分析。总之，指令说明要进行的操作内容；时序是完成操作的时间顺序；引脚是操作的外在表现形式。

3.3　CPU 的常用技术

CPU 的任务是尽可能快地处理系统中大量的信息和数据。所以，无论 CPU 本身如何发展，这些技术都是围绕突破速度极限而研发的。提高速度的常用方法主要有：①优化指令集；②提高处理单元每个工作单元的效率；③配置更多的工作单元或新的运行方式来增加并行处理能力；④缩短运行的时钟周期及增加字长等。

3.3.1　与指令集相关的技术

1．复杂指令系统

复杂指令系统是指通过采用在指令系统中增加更多的指令，以及让每条指令完成更复杂的工作，来提高操作系统的效率的指令系统。用这样的指令系统构成的计算机系统称为复杂指令系统计算机（CISC，Complex Instruction Set Computer）。

复杂的指令系统让编程变得方便和高效。但随着计算机功能的增强，CPU 的指令越来越复杂，也使得实现的难度和出错的概率大大增加。现在，纯粹意义上的 CISC 几乎不存在了。

2．精简指令系统

CISC 中，各种指令的使用频率相差悬殊，最常使用的一些比较简单的指令，虽然仅占指令总数的 20%，但在程序中出现的频率却占 80%。于是着眼于减少指令的执行周期数，简化指令使计算机结构更加合理，并提高运行速度的精简指令系统计算机（RISC，Reduced Instruction Set Computer）开始出现。

RISC 选用使用频率最高的一些简单指令，以及很有用又不复杂的指令，使得指令数目减少，从而使指令的长度和指令周期进一步缩短。这样，以前由硬件和复杂指令实现的工作，现在可由用户通过简单指令来实现，从而降低了硬件设计难度，有利于提高芯片集成度和工作速度。

3．超长指令字（VLIW）技术

超长指令字技术是一种单指令流、多操作码、多数据的系统结构。它可使编译程序在编译的时候，把多个能并行执行的操作组合在一起，成为一条有多个操作段的超长指令，然后由这条超长指令控制 CPU 中多个互相独立工作的功能部件，每个操作段控制一个，相当于同时执行多条指令。

4．显式并行指令（Explicitly Parallel Instruction）技术

显式并行指令是一种已经合并了 RISC 和超长指令字两方面优势的技术，由 Intel 开发出来。这种技术比以前其他技术更加需要整合硬件和软件的不同优势。通过给编译器做一些优

化，使之能够给处理单元一些暗示和线索，以加快代码段的执行。

5. 流水线技术

关于流水线技术，打个比方更容易理解。请大家想像一下工厂里产品装配线的情况，如果想要提高它的运行速度，应怎么做呢？首先应把复杂的装配过程分解成一个一个简单的工序，然后让每个装配工人只专门从事其中的一个环节。这样每个人的办事效率都会得到很大的提高，从而使整个产品装配的速度加快。这就是流水线技术的核心思想。

过去按照冯·诺依曼型计算机执行程序的原理，指令必须是按顺序方式逐条串行执行的。比如，加法指令可以分成取指令、指令译码、取操作数、ALU 运算和写结果 5 个步骤。如果在程序中有连续两条这样的指令，则在传统的计算机里必须等第一条指令完全结束，才能开始执行第二条；而流水线的好处是第一条指令开始译码的时候，第二条就可以开始取指令了。

6. 超级流水线

超级流水线的原理同流水线技术是一样的，但它的流水线周期比其他机器短，这种做法可以说是对更高时钟频率 CPU 的一种适应。当然在有可能取得更高效率的同时，它在控制方面所花费的代价也比较大。

3.3.2 与并行处理相关的技术

1. 超标量技术

如果说流水线技术是依靠提高每个"操作工人"的效率来达到提高整体效率目的的话，那么超标量技术就是纯粹在增加"工人"的数量了。它通过重复设置大量的处理单元，并按一定方式连接起来，在统一的控制部件控制下，通过并行操作来完成各自分配的不同任务。如果说流水线技术是提高 CPU 部件的重叠使用效率，那么超标量技术则是通过典型的资源重复设置来提高计算机处理速度的方法。超标量技术从某种程度上讲是阵列处理机的一种典型的应用。

2. 向量处理技术

通常把一串相互独立的数称为向量，这样一组数的运算称为向量处理。可以看出，一条向量指令可以处理多个甚至多对操作数。对应地，也需要相应的向量来处理单元和数据表示。

现在，向量处理技术比较热门，已经投入应用而且流行起来的也很多。下面分别予以介绍。

（1）MMX 指令集

MMX 指令集由 Intel 公司开发，包括 57 条指令，允许 CPU 同时对 2 个、4 个甚至 8 个数据进行并行处理，而丝毫不影响系统的速度。在 Pentium MMX 结构的 CPU 中，增加若干 64 位的寄存器来完成上述使命。其最初目的是用于提高 CPU 对 3D 数据的处理能力，但实质上 3D 技术更需要的是浮点运算。随后出现的 3DNow!、SSE 和用于 Apple 公司计算机的 AltiVec 指令系统很快便让 MMX 指令集成为了历史。

（2）3DNow! 指令集

3DNow! 指令集由 AMD 公司开发，包括 21 条新指令，用来缓解 CPU 与三维图形加速卡之间在三维图像建模和纹理数据取用中的传输瓶颈。3DNow! 指令集致力于提高个人计算机在三维图形、Internet VRML、AC-3 杜比环绕音效处理，以及其他浮点运算密集型应用程序上的处理能力。

（3）SSE 指令集

SSE 这项技术也是 Intel 开发的，曾被称为"KNI"，但它最终的名字被定义为流式 SIMD 扩展（Streaming SIMD Extension）的简称。它共有 70 条指令，其中包含 50 条 SIMD（单指令多数据）浮点指令、12 条全新 MMX 指令和 8 条系统内存数据流传送优化指令。它通过 8 个全新的 128 位单精度寄存器，能同时处理 4 个单精度浮点变量，提供了全新的"处理单元分离模式"。这是继 386 模式之后，对系统首次进行构架模块化的变动。

（4）AltiVec 指令单元

7400 是一款 RISC 处理单元，由 Motorola 公司生产，被 Apple 公司用于 G4 Apple 计算机上。它提供的 AltiVec 指令单元和 SSE、3DNow! 有 162 条单指令和多数据（SIMD）处理能力，用于加速矩阵的计算功能中。AltiVec 单元一次处理 128 位的数据。这些数据可以按 3 种方法来分配：16 个 8 位数据、8 个 16 位数据或 4 个 32 位数据。G4 内建有 128 位的内部内存通路。它有 162 条 AltiVec 指令，比 X86 系统中的 SSE 和 3DNow! 多出许多。指令的范围从最基本的向量算法（加/减、点乘、十字相乘等）到复杂的线性代数函数，如置换操作等。

3. 多处理单元技术

（1）多内核技术

多内核技术是指在一枚处理单元中集成两个或多个完整的计算引擎（内核）。单芯片多处理单元技术通过在一个芯片上集成多个微处理单元核心来提高程序的并行性。每个微处理单元核心实质上都是一个相对简单的单线程微处理单元或者比较简单的多线程微处理单元，这样多个微处理单元核心就可以并行地执行程序代码，因而具有了较高的线程级并行性。

（2）多路技术

多路技术是采用多颗相同型号并且能够支持 SMP 技术的 CPU 组成的一套系统。SMP 的全称是"对称多处理"（Symmetrical Multi-Processing）技术，是指在一个计算机上汇集了一组处理单元（多 CPU），各 CPU 之间共享内存子系统及总线结构。它是相对非对称多处理技术而言的且应用十分广泛的并行技术。在这种架构中，同时由多个处理单元运行操作系统的单一复本，并共享内存和一台计算机的其他资源，系统将任务队列对称地分布于多个 CPU 之上，从而极大地提高了整个系统的数据处理能力。所有的处理单元都可以平等地访问内存、I/O 和外部中断。在对称多处理系统中，系统资源被系统中所有 CPU 共享，工作负载能够均匀地分配到所有可用处理单元上。

 本章小结

本章主要介绍了 CPU 的基本组成、基本功能、常用技术，以及典型 8088 CPU。通过本章的学习，读者应了解 CPU 的基本组成、基本功能及常用技术；应了解典型 8088 CPU 的内部结构，熟悉各个功能部件的基本功能及工作过程；掌握总线接口单元和执行单元的基本组成和工作过程，8088 CPU 内部寄存器的功能和使用，以及基本的总线周期。

习题 3

1. 简述中央处理单元的功能和组成。

2. 8088 微处理单元为什么要分为 EU 和 BIU 两个部分？

3. 什么是指令周期？什么是总线周期？什么是 T 状态？它们之间有什么关系？

4. 为什么要设置段寄存器？8088 有几个段寄存器？

5. CPU 有哪些常用技术？

6. 8088 具有的两种工作模式各有什么特点？

第4章 存储系统

本章要点

➤ 了解半导体存储器的分类和基本工作原理。

➤ 掌握 CPU 与存储器的连接方法。

➤ 掌握 8088 系统存储器的组成原理和控制方法。

➤ 了解存储器的扩展技术。

4.1 半导体存储器

在早期的计算机中，主存储器主要采用延迟线和磁芯存储器。随着大规模集成电路技术的发展，半导体存储器得到快速发展。半导体存储器具有集成度大大提高，存取速度加快，成本迅速降低，体积急剧缩小等特点。所以，现代计算机中，大部分采用半导体存储器。

4.1.1 半导体存储器的分类

从电路角度看，半导体存储器可分为双极型存储器和单极型存储器。双极型存储器采用晶体管—晶体管逻辑（TTL，Transistor-Transistor Logic）电路，其优点是工作速度快，但集成度较低，功耗大，价格较贵，目前计算机中的高速缓冲存储器（Cache）通常采用双极型电路；单极型存储器采用金属氧化物半导体 MOS 电路，其优点是集成度高，功耗低，价格便宜。MOS 存储器在计算机存储器系统中的应用已经很普遍。

按工作特点和功能，半导体存储器可分为可读写存储器 RAM 和只读存储器 ROM 两种。可读写存储器又称为随机存取存储器，指机器运行期间既可读信息，又可写信息的存储器。只读存储器一般指机器运行期间只能读出信息的存储器。半导体存储器的分类如图 4.1 所示。

实际上，随机存取是相对顺序存取而言的。对于顺序存取的存储器，信息存取时间取决于信息所在的位置。例如，要读取地址为 1000 的存储单元的信息，则必须从给出命令时存储指针所在的单元开始（比如 100 单元），顺序地一个单元一个单元地读信息，最后读出地址为 1000 的单元的信息，显然，读出的时间比地址为 101 的单元长得多。而对于随机存取存储器来说，当需要读取地址为 1000 的单元的信息时，则无须从现在指针开始，而可直接去读取地址为 1000 的单元的信息。

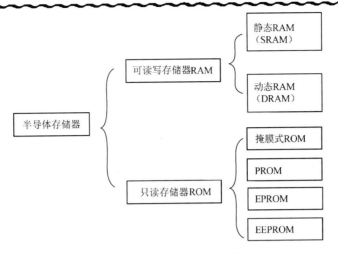

图 4.1 半导体存储器的分类

1. RAM 存储器

按电路类型，RAM 存储器可分为双极型 RAM 和单极型 RAM（MOS 型 RAM）两种。双极型 RAM 由于集成度低，功耗大，价格贵，在微型计算机中基本不被采用。而 MOS 型存储器由于集成度高，功耗低，价格便宜，在微型计算机中得到普遍使用。单极型 RAM 又包括静态 RAM（Static RAM）和动态 RAM（Dynamic RAM）。

半导体存储器一般由地址译码器、存储矩阵、控制逻辑和 3 态双向缓冲器等部分组成，如图 4.2 所示。

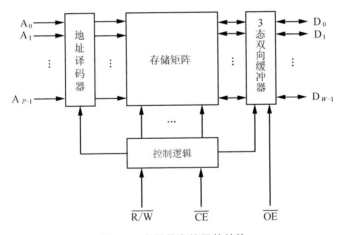

图 4.2 半导体存储器的结构

（1）存储矩阵

能够寄存二进制信息的基本存储电路的集合称为存储体。为了便于信息写入和读出，存储体中的这些基本存储电路应当配置成一定的阵列，即按一定的规律排列，并进行编址，因此存储体又称为存储矩阵。

存储矩阵中基本存储电路的排列方法通常有 3 种，即 $N \times 1$ 结构、$N \times 4$ 结构和 $N \times 8$ 结构。$N \times 1$ 结构称为位结构，常用在动态存储器 RAM 和大容量的静态存储器 RAM 中；$N \times 4$ 结构和 $N \times 8$ 结构称为字结构，常用于容量较小的静态 RAM 中。

（2）地址译码器

存储器的地址线是有限的，可能是 4 根、8 根、16 根……目前单个芯片容量已达 512 MB 以上，对应如此的容量，不可能用一个地址线去控制一个存储单元。实际上，存储器采取译码器译码的方式，将地址线上的地址信号进行译码，产生译码信号，以选中某一个存储单元，再配合逻辑控制电路进行读/写操作。

存储矩阵中基本存储电路的编址方法有两种，一种是单译码编址方式，如图 4.3 所示，适用于小容量字结构存储器中；另一种是双译码（也叫复合译码）编址方法，如图 4.4 所示，适用于大容量的存储器中。

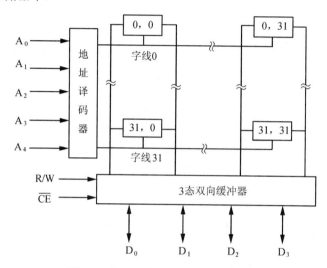

图 4.3　单译码编址方式的存储器结构

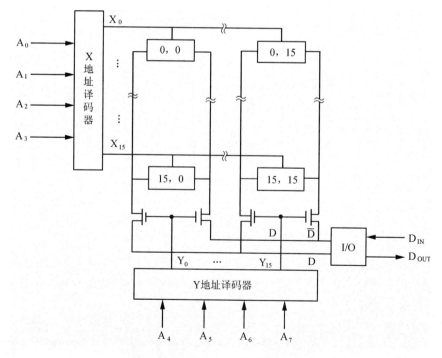

图 4.4　双译码编址方式的存储器结构

　　单译码编址方式中，字线选择一个字的所有位。如图 4.3 所示是一种单译码编址方式。它有 5 根地址线，可以译出 32 个选择状态，所以，该存储器的容量是 32×4，也就是 32 个字，每个字都是 4 位。存储矩阵排列成 32 行×4 列，每行只存储一个字（1 个存储单元，由 4 个基本存储电路组成）。横着的线（译码产生的电平）是字选择线，竖立的线是输出/输入数据线。同一列的基本存储单元有两根数据线，这两根数据线始终是相反的，即一个是"0"，另一个必然是"1"。例如，地址线上是 10100 时，选中第 20 号字线，将第 20 号存储单元中的数据读出或写入。

　　双译码编址方式中，有两个地址译码器，如图 4.4 所示。X 地址译码器有 4 根地址线，可产生 16 个译码信号，Y 地址译码器也有 4 根地址线，同样可以产生 16 根地址选择线。如果不看 Y 地址译码器，则它与单译码编址方式一样，由 $X_0 \cdots X_{15}$ 选择的每个字（本图中一个字只有一位），X_i（$i=0 \sim 15$）被选中后，所有位的数据才从列线（数据线）上输出。但由于列线上有 MOS 管，需要打开以后，数据才能通过 MOS 管，进而通过 I/O 控制模块（写入/读出）。MOS 管由 Y 地址译码器的输出线控制，只有一个 Y_j 是有效的，也只有与 Y_j 相连的 MOS 管才能导通，可见，由 X_i 和 Y_j 共同控制数据的写入/读出。图 4.4 所示的是 256 个字，每个字都是 1 位，存储矩阵排列成 16 行×16 列。若采用单译码结构，则如图 4.4 所示情况需要 256 根信号线。

　　（3）存储器控制电路

　　存储器控制电路通过存储器的引脚，接受来自 CPU 的控制信号，通过组合变换后，对存储矩阵、地址译码器、3 态双向缓冲器进行控制。存储器的控制信号通常有片选信号 $\overline{CS}$（Chip Select）或芯片允许 $\overline{CE}$（Chip Enable）、输出允许 $\overline{OE}$（Output Enable）或输出禁止 $\overline{OD}$（Output Disable）、读/写控制 R/W 或写开放 $\overline{WE}$（Write Enable）等信号。

　　$\overline{CS}$（$\overline{CE}$）：低电平有效。当它是低电平时，表示芯片被选中，芯片允许读/写操作。

　　$\overline{OE}$（$\overline{OD}$）：用来控制存储器的输出的 3 态缓冲器，从而使微处理单元能直接管理存储器可否输出（是否与总线隔离），以免争夺总线。

　　R/W（$\overline{WE}$）：用来控制被选中的芯片是进行读操作还是进行写操作。

　　（4）静态基本存储电路（单元）

　　前面介绍过存储器的每一个存储单元都由若干基本存储电路（又称基本存储单元）组成。每一个存储单元存储一个字，每一个基本存储电路存储一位数据，即一个二进制代码"0"或"1"。静态 RAM 的基本存储单元如图 4.5 所示。

　　在图 4.5 中，T1 和 T2 为放大管，T3 和 T4 为负载管，T1、T2、T3、T4 组成一个双稳态触发器。假设 T1 导通，则 A 点为低电平，T2 就会截止，B 点为高电平，进一步使 T1 饱和导通，保持 A 点为低电平，B 点为高电平；相应地，T2 导通，则 B 点为低电平，T1 截止，A 点为高电平，T2 进一步饱和导通，保持 A 点为高电平，B 点为低电平。假设 A 点高电平，B 点低电平代表"1"，那么，A 点低电平，B 点高电平就可以代表"0"。可见，这个双稳态电路可以保存一个二进制数据位。T5、T6、T7、T8 为控制管，T5、T6 的基极接到 X 地址译码线上，T7、T8 的基极接到 Y 地址译码线上。当基本存储单元没有被选中时，T5、T6、T7、T8 都处于截止状态，A 点电平和 B 点电平保持不变，存储的信息不受影响。T7、T8 的接收极接到 I/O 的反向端，T7、T8 为一列中所有的基本存储单元所共用，不是某一个基本存储单元所独有。

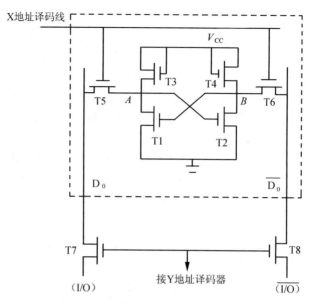

图 4.5　6 管静态 RAM 基本存储单元

对基本存储单元的读操作过程是：X 译码器的地址线 X 和 Y 译码器的地址线 Y 都是高电平，T5、T6、T7、T8 全部导通，A 点的电位从 I/O 输出，B 点的电位从 $\overline{\text{I/O}}$ 输出。假设 A 点是高电平，则读出了"1"，否则，读出了"0"。写操作过程也是相似的，X 和 Y 都是高电平，T5、T6、T7、T8 全部导通，从 I/O 和 $\overline{\text{I/O}}$ 线上分别输入"1"和"0"，A 点为高电平，T2 截止，B 点为低电平，完成了写"1"；从 I/O 和 $\overline{\text{I/O}}$ 线上分别输入"0"和"1"，则写入"0"。

由于 T1 和 T2 管总有一个导通，需要消耗电能，因此功耗较大。但它不需要刷新电路，使得电路简单，同时，存取速度也比动态 RAM 快。

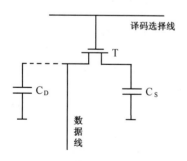

图 4.6　单管型动态基本存储电路
（单元）示意图

（5）动态基本存储电路（单元）

动态基本存储单元是以电荷的形式存储信息的。信息以电荷的形式存储在 MOS 管栅极之间的极间电容上或直接存储在电容上。动态基本存储单元有 6 管型、4 管型、3 管型及单管型 4 种。其中单管型由于结构简单，集成度高，被广泛采用。如图 4.6 所示是一个单管型动态基本存储电路的示意图。

在图 4.6 中，T 是 MOS 管。数据以电荷的形式存储在电容 C_S 上，MOS 管 T 起开关作用，C_D 是数据线上的分布电容。当译码选择线处于高电平时（选中），T 导通，就可以读出和写入数据。

写入数据：译码选择线出现高电平，T 导通，数据线和 C_S 接通，数据线上的电平给 C_S 充电（放电）。写入"1"时将 C_S 充电到高电平，写入"0"时将 C_S 放电到低电平。

读出数据：读出数据前，应将数据线预先置一个高电平 V_d，译码选择线出现高电平，T 导通，数据线和 C_S 接通，C_S 和 C_D 上的电位进行重新分配。根据 C_S 的电位，最终可以在数据线上得到不同的电压。根据这个电压值的不同，判断读出的是"1"还是"0"。这样一来，数据线就读出来了。

从上面介绍的读出/写入过程可以看出，通过读出/写入操作，C_S 的电位在读出后发生了变化。从另一个方面来看，T 虽然是截止的，但由于存在极间电阻，C_S 的电荷也会慢慢泄放，导致 C_S 的电位慢慢降低。时间长了，原来存储的高电平可能变化为低电平，即原来存储的"1"变成了"0"。这种状态是不允许的。在 C_S 的电平达到低电平之前，必须采取办法使 C_S 的电平恢复到原来的状态，这个过程称为刷新。显然，刷新需要周期性地进行。刷新操作由存储器中的专门的逻辑电路完成。正因为需要周期性地进行刷新，所以称为动态 RAM。

（6）几种 RAM 存储器芯片的介绍

① 静态 RAM 6116 芯片。

6116 芯片是高速静态 CMOS 随机存储器，容量是 $2K \times 8b$，即 2KB，每个字节是 8 位。它有 11 根地址线（$2^{11} = 2\,048 = 2K$），其中 7 根用于行地址译码输入，4 根用于列地址译码输入。每根列地址译码线控制 8 个基本存储单元。片内有 16 384 个基本存储单元（$2\,048 \times 8 = 16\,384$）。6116 芯片引脚图如图 4.7 所示。

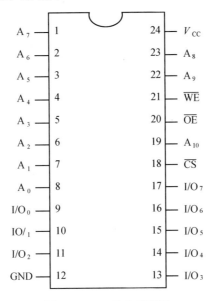

图 4.7　6116 芯片引脚图

6116 芯片有 24 个引脚、11 根地址线、8 条数据线、1 条电源线 V_{CC}、1 条地址线 GND、3 条控制线（$\overline{CS}$、$\overline{OE}$、$\overline{WE}$）。$\overline{CS}$ 使芯片选中，$\overline{OE}$ 和 $\overline{WE}$ 共同决定芯片的工作方式，如表 4.1 所示。

表 4.1　6116 芯片的工作方式

$\overline{CS}$	$\overline{WE}$	$\overline{OE}$	工 作 方 式
0	1	0	读
0	0	1	写
1	×	×	不能使用

② 静态 RAM 6264 芯片。

6264 是 8K×8b 的随机存储器芯片，它采用 CMOS 工艺制造，单一＋5V 供电，额定功耗 200 mW，典型存取时间 200 ns。它有 28 个引脚，双列直插封装，其中 13 根地址线 $A_0 \sim A_{12}$，8 根数据线 $I/O_0 \sim I/O_7$，4 根控制线 $\overline{CE_1}$、$\overline{WE}$、$\overline{OE_1}$、CE_2，一根地线 GND，一根电源线。4 根控制线的状态决定芯片的工作状态。如图 4.8 所示是 6264 引脚分配图。6264 芯片工作方式如表 4.2 所示。

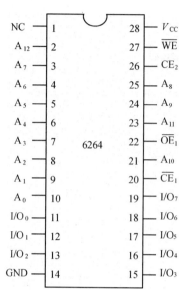

图 4.8　6264 引脚分配图

表 4.2　6264 芯片工作方式

$\overline{CE_1}$	CE_2	$\overline{OE_1}$	$\overline{WE}$	工 作 方 式	$I/O_0 \sim I/O_7$
1	×	×	×	未选中	高阻
×	0	×	×	未选中	高阻
0	1	1	H	输出禁止	高阻
0	1	0	H	读	D_{OUT}
0	1	1	L	写	D_{IN}
0	1	0	L	写	D_{IN}

③ 动态 RAM 芯片 2186/2187。

2186/2187 片内具有 8K×8b 集成动态随机存储器，单一＋5V 供电，工作电流 70 mA，维持电流 20 mA，存储时间 250 ns，引脚与 6264 兼容，采用双列直插式封装。2186 与 2187 不同点在于，2186 的引脚 1 是 CPU 的握手信号，而 2187 是刷新控制输入端。2186/2187 有 28 个引脚，13 根地址线 $A_0 \sim A_{12}$，8 根数据线 $I/O_0 \sim I/O_7$，4 根控制线，其中的 CNTRL，对 2186 是与 CPU 握手信号线 RDY，对 2187 是刷新控制线 REFEN，$\overline{CE}$ 是片选端，$\overline{WE}$ 是写入控制端，$\overline{OE}$ 为允许输出控制端。2186/2187 动态存储芯片的引脚如图 4.9 所示。

④ 动态 RAM 芯片 MCM511000A。

MCM511000A 是 Motorola 公司推出的一种高速动态 RAM 芯片，容量是 1M×1b。片内有 1 048 576 个基本存储单元。采用双列直插式封装，共有 20 个引脚，其中地址线有 10 条，这 10 条地址线既是行地址线，又是列地址线，分时复用；数据线有两根，一根用于输出（Q），另一根用于输入（D）；有 4 根控制线，$\overline{W}$ 用于读/写控制，$\overline{RAS}$ 用于行地址选通，$\overline{CAS}$ 用于列地址选通，TF 是测试功能使能。MCM511000A 动态存储芯片引脚如图 4.10 所示。

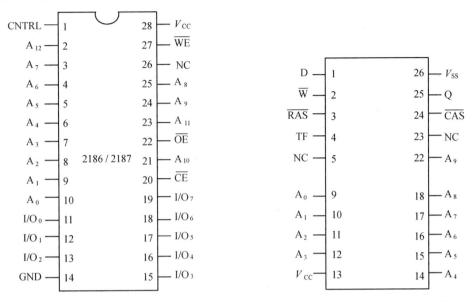

图 4.9　2186/2187 动态存储芯片引脚　　　　图 4.10　MCM511000A 动态存储芯片引脚

MCM511000A 芯片的一个特点是行、列地址共用 10 根地址线。通过 $\overline{RAS}$ 和 $\overline{CAS}$ 控制，首先，地址线上送来高 10 位地址线，由 $\overline{RAS}$ 控制送入芯片内"行地址锁存器"，然后，地址线上送来低 10 位地址，由 $\overline{CAS}$ 控制送入"列地址锁存器"。另外一个特点是数据输入线和输出线是分离的，由 D 输入数据，由 Q 输出数据。当 $\overline{W}$ 是低电平时，D 上的数据写入存储器；当 $\overline{W}$ 是高电平时，数据从 Q 读出。

2．ROM 存储器

只读存储器 ROM 又称固定存储器（Fixed Memory）、永久存储器或非易失性存储器。ROM 中的基本存储单元中存储的信息是固定的、非易失性的，在机器运行期间只能读出，不能写入，并且在断电或故障停机之后信息也不会改变或丢失。ROM 中的信息通常是在脱机或非正常工作状态下用人工方式或电气方式写的。对 ROM 进行信息写入称为对 ROM 的编程。

ROM 一般用来存储不需经常变化和修改的信息，如监控程序、系统程序和字库程序等。家电产品中常常使用 ROM 存储控制程序。

按照工艺和功能的不同，ROM 可以分为掩膜式 ROM、PROM、EPROM 和 EEPROM 等。

（1）掩膜式 ROM

掩膜式 ROM 简称 ROM，由制造厂家对芯片图形（掩膜）进行二次光刻而成，用户不能修改芯片的内容。如图 4.11 所示是一个 4×4 位掩膜 ROM 示意图。它有 4 个单元，每个单元有 4 位。A_0 和 A_1 是地址线，经过译码得到 4 条译码选通线，只有一根是高电平，通过二极管的单向作用，将高电平传到位线，输出信息。有二极管的位线输出"1"，没有二极管的输出"0"。图 4.11 所示 ROM 存储的内容如表 4.3 所示。

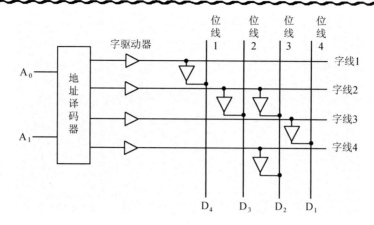

图 4.11　4×4 位掩膜 ROM 示意图

表 4.3　4×4 位掩膜 ROM 的存储信息

位 单元	D_1	D_2	D_3	D_4
0	1	0	0	0
1	0	1	1	0
2	0	0	0	1
3	0	0	1	0

ROM 的主要特点是：

➢　信息一旦写入，便不可更改。

➢　存储内容不受其他干扰信号影响，数据不会丢失，可靠性好。

➢　适合大批量生产，不适合小批量生产。

（2）可编程序只读存储器 PROM

可编程序只读存储器 PROM（Programmable ROM）又称现场编程 PROM，简称 ROM。这种 ROM 在出厂时，并没有存储任何信息。使用时，用户根据需要，写入信息。但是，只要用户写入信息，就不可更改，即使写入错误，也只能使 PROM 报废。它的工作原理可以参照图 4.11 来理解。它的字线和位线之间均有二极管（或三极管），在二极管的极上连接有可烧断的熔断器。编程时，需要存"1"的位保留熔断器，需要存"0"的位烧断熔断器就可以了。

（3）可改写的 EPROM

实际使用中，可能需要多次修改输入的内容。可反复编程的 ROM 简称 EPROM。EPROM 是指用户采取某种方法将信息全部擦除，而且擦除后还可以重新写入信息的 ROM。擦除信息的方法是使用紫外线照射，使所有信息丢失，所以又称 UVEPROM。

擦除信息时，需要将器件从系统上拆卸下来，并在紫外线照射下，擦除信息。而且，只能将整个芯片中的信息整体擦除，显然，使用起来不太方便。

（4）电可擦写 EEPROM

严格来说，EEPROM 是 EPROM 的一种。EPROM 采用紫外线擦除，即使芯片中只有一位是错误的，也只能将芯片中的信息全部擦除。EEPROM 可以字节为单位擦除和改写，并且在用户系统上即可完成，因而，具有极大的优势。

EEPROM 通常有 4 种工作方式，即读方式、写方式、字节擦除方式和整体擦除方式。如表 4.4 所示是 Intel 8251 的工作方式与控制信号的关系。

表 4.4　Intel 8251 的工作方式与控制信号的关系

$\overline{CE}$	$\overline{OE}$	V_{PP}	$D_7 \sim D_0$	工作方式
0	0	4~6V	数据输出	读
1	1	21V	数据输入	写入
0	1	21V	加高电平	字节擦除
0	9~15V	21V	加高电平	整体擦除

8251 的读工作状态是最常用的状态。当 $\overline{CE}$ 和 $\overline{OE}$ 处于低电平状态时，V_{PP} 接上 4～6 V 电压，地址线上的地址信号所指定的 ROM 片内的单元的数据就会被读出来。

写入的时候，使 $\overline{CE}$ 和 $\overline{OE}$ 处于高电平状态，V_{PP} 接上 21 V 电压，数据线上的数据就会写入地址线上信号所指定的地址。

擦除时，使 $\overline{CE}$ 处于低电平状态，V_{PP} 接上 21 V 电压，数据线上加高电平，当 $\overline{OE}$ 处于正常高电平时，就会擦除地址线所指定的一个字节；当 $\overline{OE}$ 接上 9～15 V 电压时，ROM 内的所有数据全部擦除。

3．铁电存储器（FRAM）

从前面的论述已经知道，RAM 可以在通电情况下，快速地存储和擦除信息，但停电后，信息全部丢失；ROM 存储器可以在停电时保存数据，但写入非常困难，既要提供特殊电压，又要有足够的耐心，它的写入速度非常慢。那么，是否有一种存储器，既像 RAM 那样操作方便，又像 ROM 那样停电后可以保存数据呢？回答是肯定的，那就是铁电存储器 FRAM。

铁电存储器能兼容 RAM 的一切功能，并且和 ROM 技术一样，是一种非易失性的存储器。铁电存储器在这两类存储类型间搭起了一座跨越沟壑的桥梁。

（1）FRAM 的工作原理

FRAM 由铁电晶体材料组成。电场被加载到铁电晶体材料上，晶阵中的中心原子会沿着电场方向运动，达到稳定状态，一个状态存储逻辑中的 0，另一个状态存储逻辑中的 1。中心原子在常温下没有电场的作用时，停留在此状态可达 100 年以上，铁电存储器不需要定时刷新，在断电情况下能保存数据不变。由于在整个物理过程中没有任何原子碰撞，铁电存储器（FRAM）拥有高速读写，超低功耗和无限次写入等特性。

（2）FRAM 的特性

FRAM 铁电存储器的核心技术是美国 Ramtron 公司研制的铁电晶体材料。这一特殊材料使得铁电存储产品同时拥有随机存储器（RAM）和非易失性存储器（EPROM、EEPROM、Flash）的特性。

FRAM 第一个最明显的优点是可以跟随总线速度写入，无须任何等候时间，而 EEPROM 需等几毫秒（ms）才能写入一下数据。FRAM 第二大优点是几乎可以无限次地写入。EEPROM 的写入次数是百万次（10^6 次），而新一代的铁电存储器（FRAM）却是一亿亿次（10^{12} 次）的写入寿命。FRAM 的第三大优点是超低功耗。EEPROM 的慢速和大电流写入，使得它需要消耗高出 FRAM 2 500 倍的能量。

FRAM 存储器的内容不会受到外界条件（如磁场因素）的影响，抗干扰性比较好。

FRAM 也有缺陷，有人指出，当达到某个数量的读周期之后，FRAM 单元将失去耐久性，而且由阵列尺寸限制带来的 FRAM 成品率问题，以及进一步提高存储密度和可靠性等问题，仍然亟待解决。还有使用者指出，使用 FRAM，偶然会出现数据丢失现象。

（3）FRAM 与传统 RAM 和 ROM 比较

① FRAM 与 EEPROM。

FRAM 可以作为 EEPROM 的第二种选择。它除了具有 EEPROM 的性能外，访问速度要快得多。但是决定使用 FRAM 之前，必须确定系统中一旦超出对 FRAM 的 100 亿次访问之后绝对不会有危险。

② FRAM 与 SRAM。

从速度、价格及使用方面来看，SRAM 优于 FRAM；但是从整个设计来看，FRAM 还有一定的优势。

FRAM 可以保存启动程序和配置信息。如果应用中所有存储器的最大访问速度是 70ns，那么可以使用 1 片 FRAM 完成这个系统，使系统结构更加简单。

③ FRAM 与 DRAM。

DRAM 适用于那些密度和价格比速度更重要的场合。例如，DRAM 是图形显示存储器的最佳选择，有大量的像素需要存储，而恢复时间并不是很重要。如果不需要下次开机时保存上次内容，则使用易失性的 DRAM 存储器就可以。DRAM 的作用与成本是 FRAM 无法比拟的。事实证明，DRAM 不是 FRAM 所能取代的。

④ FRAM 与 Flash。

现在最常用的程序存储器是 Flash，它使用十分方便，而且越来越便宜。程序存储器必须是非易失性的，并且价格要相对低廉，还要比较容易改写。而使用 FRAM 速度更快，能耗更低。

（4）FRAM 的应用

FRAM 无限次快速擦写和非易失性的特点，令系统工程师可以把现在在电路上分离的 SRAM 和 EEPROM 两种存储器整合到一个 FRAM 里，为整个系统节省了功耗，降低了成本，减小了体积，同时增加了整个系统的可靠性。

典型应用包括 U 盘、仪器仪表、工业控制、家用电器、复印机、打印机、机顶盒、网络设备、游戏机和计算机等。

4.1.2　半导体存储器的主要技术指标

半导体存储器的性能指标较多，下面介绍几种典型的性能指标。

1. 容量

存储器的容量是存储器可以保存二进制信息的位数（bit）的总数。一个基本存储单元保存一个二进制位，实际容量就是芯片内包含基本存储单元的个数。一般的标记方法是所能存储的字数乘以字长，即：

$$容量（bit）＝字数×字长$$

对于一个半导体存储芯片来说，如果地址线有 m 根，数据线有 n 根，则可以用下面的式子表示容量：

$$容量（bit）=2^m×n$$

微型计算机的内存储器容量就是所有存储芯片的容量之和。一个字节由 8 位（bit）组成，字节是微处理单元寻址的基本单元。对于 16 位机来说，一次可以访问 2 个字节；对于 32 位机来说，一次可以访问 4 个字节。

2．存取速度

半导体存储芯片的存取速度可以用存取时间（Access Time）和存储周期（Memory Cycle）来衡量。存储器从接收到寻找存储单元的地址信号开始，到它完成存取操作为止，所需要的时间就是存取时间。芯片手册上给定的是最大时间，称为最大存取时间。存取时间越短，存取速度越快。目前的存取时间已经达到 6～7 ns。所谓存储周期是连续启动两次独立的存取操作所需要的时间。也就是说，从启动第一次存取操作开始，完成存取操作，到启动第二次存取操作，这个过程中间的时间就是存储周期。一般来说，完成一次存取操作后，需要有一小段恢复时间，使各处的电位恢复正常，然后才能启动下一次存取操作。所以，存储周期一般比存取时间长。

3．功耗

所谓功耗就是在单位时间内消耗的能量。半导体存储器的功耗包括"维持功耗"和"操作功耗"。维持功耗就是在不进行存取操作时，为了保持数据不丢失而需要消耗的能量；操作功耗指在存取状态下需要消耗的能量。在保证存取和数据可靠的前提下，功耗越小越好，特别是"维持功耗"，应该尽可能得小。

4．可靠性

可靠性是指数据保持的抗干扰性和芯片本身的寿命等。也就是说，受到各种干扰后，数据是否能正确保持，保持的正确率有多高，芯片能可靠使用多少年等。半导体存储器由于采用大规模集成电路结构，所以它的可靠性较高，平均无故障时间为几千小时以上。

5．集成度

集成度是指在一片芯片内能集成多少个基本存储单元。每一个基本存储单元可以保存一位二进制信息，所以，集成度常表示为位（bit）/片。有 1 Kb/片、16 Kb/片、256 Kb/片等。随着大规模集成技术的发展，集成度越来越高，如今的集成度已经超过 Gb/片，最新技术已经可以实现 T 级别的集成度。

4.2 存储器与 CPU 的连接

存储器在计算机系统中所起的主要作用是，保证以 0 或 1 的形式保存的信息不丢失，并按系统的要求对指定的（地址）单元进行读出或写入操作。

存储器与 CPU 的连接十分简单，主要有 3 部分：数据总线、地址总线和部分控制总线，如图 4.12 所示。

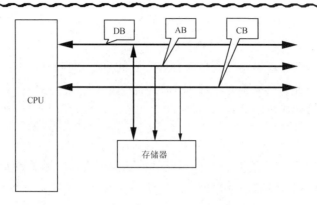

图 4.12　存储器与 CPU 连接示意图

图 4.12 所示是常见的存储器与 CPU 的连接示意图，针对一个具体的系统，在实现具体电路连接时可能会存在着差异。

 注意

> 存储器永远只接受地址总线传送的地址码，无论它是来自 CPU，还是其他总线控制部件（如后面将要介绍的 DMA 控制器）；数据线的传送方向是由控制总线的读/写信号决定的，当然对于 ROM（在正常工作时）只有读控制信号。

4.2.1　存储器与 CPU 连接时要考虑的问题

1. CPU 总线的负载能力

通常 CPU 总线的负载能力是 1 个 TTL 器件或 20 个 MOS 器件。当 CPU 总线上挂接的器件数量超过上述负载数量时，就应该在总线上加接缓冲器和驱动器，以增加 CPU 的负载能力。

2. CPU 的时序和存储器的存取速度之间的配合

CPU 在取指令和执行存储器读写指令时有固定的时序，为保证 CPU 对存储器正确地存取，存储器的工作速度必须与 CPU 时序相匹配。

3. 存储器的地址分配和片选

微型计算机内存包括 RAM 区和 ROM 区两大部分，其中 RAM 区又分为系统区（计算机监控程序和操作系统所占内存区域）和用户区，这就需要对存储器地址进行合理的分配。另外，存储器通常是由多个存储单片组合而成的，因此，如何产生各个存储单片的片选信号，也是一个必须考虑的问题。

4.2.2　存储器中的片选译码

1. 译码原理

译码是数字设备常用的技术，也是学习存储器系统组成及工作原理的重点和难点。

设有 n 位二进制数，那么它能表示多少种不同的状态呢？共有 2^n 个。若 $n=8$，则 $2^8=256$；若 $n=16$，则 $2^{16}=65\,536$（64K）。

下面，再举一个常见的事例：许多单位都有内部电话，它的电话号码一般都比较短（4位或 5 位）；而由电信部门提供的电话号码，其长度一般为 7 位或 8 位，当然这并不包括长途区号。为什么后者比前者位数多呢？答案再简单不过了，因为电话的数量多了，若不增加号码长度就会重号。

存储器的数据是按地址存放的，且每个地址中存放的数据长度也是一样的（一般为 8 位）。由此可见，存储器的容量与地址码的长度成正比，这就从根本上解释了为什么 8088 的地址码为 20 位，而它的最大寻址范围却为 1MB 的疑问。

2．片选信号的由来

微型计算机系统的 CPU 对存储器进行读/写时，首先要对存储芯片进行选择（称为片选），然后从被选中的存储芯片中选择所要读/写的存储单元。为什么要求片选呢？有两种情况：一是用户不需要系统所提供的最大寻址空间；二是同时期生产的 CPU 寻址范围远远地超出了单片存储器芯片所能提供的容量。因此，一个实际的存储器系统是由若干存储芯片组成的，但是不允许它们同时工作，所以将地址码的一部分（高端）通过地址译码来实现片选，这同长途区号所起的作用一样。

3．地址译码器

地址译码器的作用是将地址信号进行译码，生成片选信号。

常用的地址译码器有 74LSl38，其引脚和逻辑电路图如图 4.13 所示。

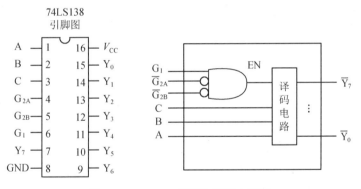

图 4.13　74LSl38 引脚和逻辑电路图

地址译码器 74LSl38 是"3-8 译码器"，当 3 个使能输入端 $G_1=1$，$\overline{G_{2A}}=0$，$\overline{G_{2B}}=0$ 时，芯片处于译码状态。3 个译码输入端 C、B、A，决定 8 个输出端 $\overline{Y_7}$、$\overline{Y_6}$、…、$\overline{Y_0}$ 的状态。由于通常片选是低电平选中存储器，因此 74LSl38 输出也是低电平有效。74LSl38 的功能表如表 4.5 所示。

表 4.5　74LSl38 的功能表

G_1	$\overline{G_{2A}}$	$\overline{G_{2B}}$	C	B	A	译码器的输出
1	0	0	0	0	0	$\overline{Y_0}=0$，其余均为 1
1	0	0	0	0	1	$\overline{Y_1}=0$，其余均为 1
1	0	0	0	1	0	$\overline{Y_2}=0$，其余均为 1
1	0	0	0	1	1	$\overline{Y_3}=0$，其余均为 1

G_1	$\overline{G_{2A}}$	$\overline{G_{2B}}$	C	B	A	译码器的输出
1	0	0	1	0	0	$\overline{Y_4}=0$，其余均为 1
1	0	0	1	0	1	$\overline{Y_5}=0$，其余均为 1
1	0	0	1	1	0	$\overline{Y_6}=0$，其余均为 1
1	0	0	1	1	1	$\overline{Y_7}=0$，其余均为 1
其余情况	×	×	×	$\overline{Y_7}\sim\overline{Y_0}$ 全为 1		

4．应用举例

条件：设 CPU 的地址码为 11 位，$A_{10}\sim A_0$；存储芯片的单片容量为 256×8(位 bit)。

要求：组成一个 2KB 的存储器。

分析：所需芯片的数量为 $2\,048\div 256=8$（片）。

2KB 存储器的译码电路分为两大部分，片选和片内译码，其各芯片地址分布如表 4.6 所示。片选由 74LS138 完成。如图 4.14 所示为实现本例的逻辑框图。

表 4.6　2KB 存储器各芯片地址分布

片 选 部 分			片 内 部 分	芯 片 编 号	地址范围（H）
A_{10}	A_9	A_8	$A_7\sim A_0$		
0	0	0	00000000 11111111	0（$\overline{Y_0}$）	000H～0FFH
0	0	1	00000000 11111111	1（$\overline{Y_1}$）	100H～1FFH
0	1	0	00000000 11111111	2（$\overline{Y_2}$）	200H～2FFH
0	1	1	00000000 11111111	3（$\overline{Y_3}$）	300H～3FFH
1	0	0	00000000 11111111	4（$\overline{Y_4}$）	400H～4FFH
1	0	1	00000000 11111111	5（$\overline{Y_5}$）	500H～5FFH
1	1	0	00000000 11111111	6（$\overline{Y_6}$）	600H～6FFH
1	1	1	00000000 11111111	7（$\overline{Y_7}$）	700H～7FFH

本例片选信号的产生，是将高 3 位地址全部参加译码，所以称为全译码方式。如果只是部分高位参加译码，则称为部分译码方式。除此之外还有线选方式。线选方式是只用高位地址线中的某一位来控制片选，它适用于组成较小容量的存储器系统。

在设计一个小容量存储器系统时，应当特别注意各个存储芯片的地址分布范围，尤其是开机后第一条指令所处的存储区必须有可工作的地址单元。例如，Z80 CPU 从 0000H 开始执行程序，而 8088 CPU 则从 0FFFF0H 开始执行程序。

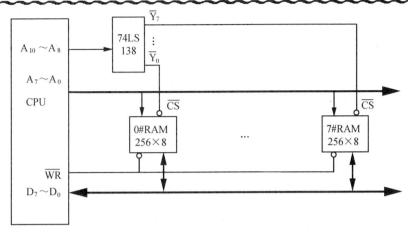

图 4.14　2KB 存储器组成框图

4.2.3　其他信号线的连接

1. 数据线

数据线的连接相对于地址线显得简单，只要注意到单片组成形式即可。例如，单片容量是 1 024×1（位 bit），若组成 1 024B（1 KB）的存储器，则必须有 8 个存储芯片。它与数据总线的连接如图 4.15 所示。单片容量是 256×4（位 bit），若组成 1 024B（1 KB）的存储器，则也要 8 个存储芯片。它与数据总线的连接如图 4.16 所示。

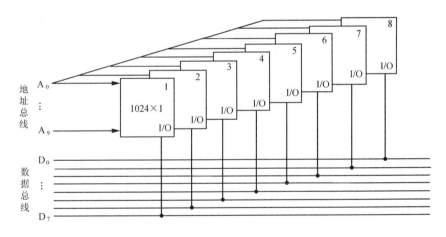

图 4.15　8 片 1 024×1 位存储芯片组成 1 KB 存储体

2. 控制线

CPU 的控制线和存储器的连接形式与系统构成有关。对于存储器与外部设备统一编址的系统，控制线连接简单，只有读和写两个信号。对于存储器与外部设备分别编址的系统，控制线连接除了有读和写两个信号外，还有设备选择信号。对于不同类型的 CPU，叫法可能不同，但其实质是用于区分当前数据总线与存储器，以及与外部设备进行信息交换。8086 CPU 是这样实现的，在最小模式系统下用 $\overline{\text{RD}}$、$\overline{\text{WR}}$、$\text{M}/\overline{\text{IO}}$ 3 个控制信号完成，如表 4.7 所示。

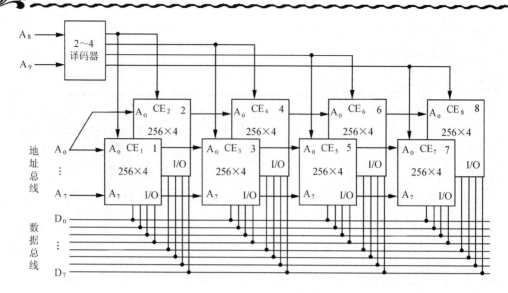

图 4.16　8 块 256×4 位存储芯片组成 1 KB 存储体

表 4.7　最小模式数据传输方式

数据传输方式	$M/\overline{IO}$	$\overline{RD}$	$\overline{WR}$
I/O 读	0	0	1
I/O 写	0	1	0
存储器读	1	0	1
存储器写	1	1	0

4.3　8088 系统的存储器

8088 系统是准 16 位系统，内部结构是 16 位并行运算，外部数据只有 8 条引脚，它对存储器的读写只能以字节为单位。其地址线有 20 条，寻址范围是 1 MB。

4.3.1　8088 系统存储器的结构

1. 存储器的组织

8088 系统是一个准 16 位系统，它只有 8 根数据线，它一次只能访问一个字节，所以 8088 系统的 1 MB 空间是一个线性的单一存储体，它与总线之间的连接方式如图 4.17 所示。

2. 存储器分段

8088 系统是 16 位机，它的所有寄存器都是 16 位的。所以，它的最大存储访问空间是 $2^{16}=64\,KB$。但 8088 系统有 20 根地址线，可以寻址的空间是 $2^{20}=1\,MB$。显然，采用常规的方法，8088 是不能访问 1 MB 空间的。那么，怎样才能实现 8088 系统访问 1 MB 地址空间呢？可以将 20 位地址信号存放在两个寄存器中，用两个寄存器去控制访问。在 8088 系统中采用了把存储器分段的办法，用一个寄存器——段地址寄存器来存放段地址。

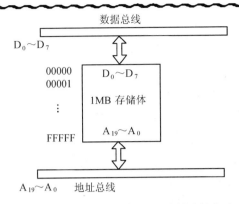

图 4.17　8088 系统存储器与总线的连接方式

　　8088 系统将存储器分为若干逻辑段，每一个逻辑段都是 64 KB，可以用 16 位地址寻址各个逻辑段，可以在实际的存储空间中完全分开，也可以部分重叠，甚至可以完全重叠。每一个逻辑地址的起始地址都是有规律的，都是从小段（paragraph，或称为"节"）的首地址。所谓小段，就是从 0 地址开始，每 16 个字节为一小段。

　　存储器在系统中的实际地址（用 20 位表示）称为物理地址。对于任何物理地址的存储器，可以被包含在一个或多个逻辑段中。只要能够得到这个物理地址存储单元在逻辑段中的相对地址（相对于逻辑首地址的距离）和逻辑段的首地址，就可以对它进行访问。

　　将逻辑段的起始地址称为段地址（也称段基址，共 16 位），而将逻辑段中相对于段地址的偏移量称为偏移地址（也是 16 位）。一个存储单元的物理地址可以由段地址和偏移地址组成，计算方法如下：

$$16D \times 段地址 + 偏移地址 = 物理地址$$

　　也就是把段地址左移 4 位再加上偏移地址就形成物理地址。通过这个计算方法也可以看出，一个物理地址可以有不同的段地址和偏移地址。

　　在程序中，并不需要知道物理地址，只需要知道逻辑地址即可。在程序中访问存储器时，程序取得一个段地址和一个偏移地址，然后根据段地址和逻辑地址决定访问的存储器单元。那么，这个段地址和偏移地址是从何处而来呢？8088 系统的约定如表 4.8 所示。表中的正常来源指系统隐含的段地址来源，其他来源指用段超越前缀指定的段地址来源，而有效地址 EA 是由指令给出的寻址方式计算出来的偏移地址。

表 4.8　逻辑地址来源的系统约定

操 作 类 型	段　地　址		偏 移 地 址
	正 常 来 源	其 他 来 源	
取指令	CS	无	IP
堆栈操作	SS	无	SP
存/取变量（下面的除外）	DS	CS、ES、SS	有效地址 EA
取源串	DS	CS、ES、SS	SI
存/取目的串	ES	无	DI
BP 用做基址寄存器	SS	CS、ES、SS	有效地址 EA

3．存储器堆栈

堆栈是以"后进先出"方式工作的一个存储区。8088 的堆栈操作是在存储器中实现的。8088 中的堆栈段寄存器 SS 存放段地址，堆栈指针寄存器 SP 存放当前的栈顶。在系统中可以有若干个堆栈，每一个堆栈的最大空间可以是 64 KB，刚好是一个逻辑段的空间。不管系统有多少个堆栈，当前只能有一个是正在使用的，称为现行堆栈。每个堆栈占用一个逻辑段，系统将段地址存放在 SS 中，当前位置存放在 SP 中，因而可以换算出当前单元的物理地址。实际上堆栈就是在操作对应的物理单元。堆栈的栈底是在逻辑段的最高位置处（假设堆栈空间是 64 KB）。当堆栈空的时候，SP 指向栈底，即逻辑段的最大偏移地址处。特别要指出的是，SS 存放的不是栈底，而是段地址（段基址），如图 4.18（a）所示。SS 中存放的是段地址，SP 中存放的是最大偏移地址。

8088 的堆栈为 16 位宽，堆栈操作时是以 16 位为单位进行的。

压栈的工作过程是：先将 SP 的内容减 2，然后将 16 位信息的高 8 位存入新栈顶的高地址，低 8 位压入低地址。假设（AX）＝1234 H，（BX）＝5678 H，则将 AX 压栈，再将 BX 压栈，情况如图 4.18（b）所示。

出栈的工作过程是：先将现在栈顶的 16 位信息复制到 POP 指令指定的目的寄存器中（如 AX、BX 等），然后将 SP 的内容加 2，使 SP 指向新的栈顶。如图 4.18（b）所示栈顶地址弹出后，变为如图 4.18（c）所示的情况。从图 4.18（c）可以看出，5678H 还存在于存储器中，并没有受到破坏。

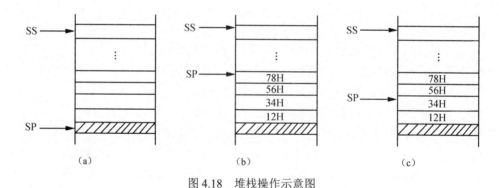

图 4.18　堆栈操作示意图

从图 4.18 中还可以看出栈底的那个字节是不使用的。

4．存储器的专用和保留区

在整个存储器空间中，有些地址是不能使用的，它们被 Intel 公司保留用于特殊用途。这些地址包括低端的物理地址 00000H～0007FH 的 128 个字节单元和高端 0FFFF0H～0FFFFFH 的 16 个字节单元。其中低端的 128 个单元用来保存中断地址 0FH～1FH 的中断向量表，也就是这些中断的入口地址。在 8088 系统中，IBM 公司将这些中断向量表覆盖了，重新写入 IBM 公司的有关中断向量表。

高端保留的 16 个字节（0FFFF0H～0FFFFFH）储存于 ROM 存储器中。8088 系统在启动或复位时，自动将 IP 初始化为 0000H，CS 初始化为 0FFFFH。这样一来，系统一启动，就会执行 0FFFF0H 单元的指令。一般在 0FFFF0H 单元中，存放一条无条件转移指令，转移到系统程序（如 BIOS 系统等）的入口处，从而正确地启动计算机。

4.3.2　8088 系统存储器的具体分配

8088 系统的存储器将 1 MB 的地址空间分为两部分：00000H～0BFFFFH 范围内的 768 KB 是 RAM 存储区，0C0000H～0FFFFFH 范围内是 ROM 存储区。具体分配情况如表 4.9 所示。存储器的连接示意图如图 4.19 所示。

表 4.9　8088 存储空间分布

地 址 范 围	存 储 区	空 间 大 小
00000H～003FFH	BIOS 中断向量表	1KB
00400H～004FFH	BIOS 数据区	0.5KB
00500H～9FFFFH	用户程序区	638.5KB
0A0000H～0BFFFFH	显示缓冲区	128KB
0C0000H～0F5FFFH	附加 ROM 区	216KB
0F6000H～0FFFFFH	基本 ROM 区	40KB

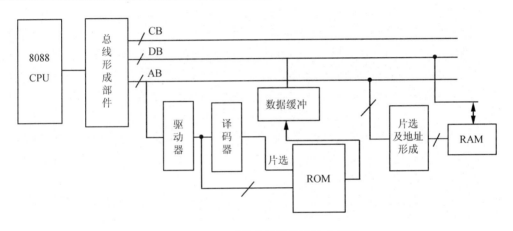

图 4.19　8088 系统存储器的连接示意图

RAM 存储区的前 640 KB 空间存放的是部分系统程序和用户程序，称为基本内存。基本内存的前 256 KB 被安装在系统板上，另外的 384 KB 可以根据需要，通过选用存储器扩展板的方式来提供。

在基本内存中，00000H～003FFH 存放的是中断向量表，即入口地址；00400H～004FFH 范围内存储的是 BIOS 中断向量的有关数据；00500H～9FFFFH 范围内的是用户程序。在基本内存之后，紧接着是保留区，也称 RAM 区。这个区域用做系统显示字符或图形时的缓冲区，所以称为显示缓冲区。这个区段随显示的实际情况而有所不同。作为单色字符显示时，只用 4 KB 就够了，规定占用 0B0000H～0B0FFFH 地址段；而用做彩色显示时，则使用 0B8000H～0BBFFFH 地址段的 16 KB。

ROM 存储区位于存储器的最高端。ROM 区使用的地址范围也随实际使用情况有所不同。当系统是基本配置状态时，一般只安装 40 KB 的基本 ROM 区。这个基本 ROM 区位于两片 ROM 芯片内，安装在系统板上，它们中间存放系统的基本输入/输出（BIOS）和 BASIC 的解释程序。通过前面的介绍已经知道，这个区域有 16 个单元是专用的，其中从 0FFFF0H 开始的单元中存放的是计算机启动的一条关键指令。可见，如果本芯片损坏的话，计算机就无法启动了。当需要使用附加 ROM 区时，需要将 ROM 扩展板插入系统板上。附加 ROM 区最大可以达到 216 KB，ROM 区可以达到 256 KB。附加 ROM 区主要用于存放一些增加设备的驱动程序和汉字库等。可见，ROM 区一般是生产厂家使用的，汉卡、防病毒卡等就是存放在这些附加 ROM 区的。

4.4　存储器的扩展技术

4.4.1　高速缓冲存储器

在计算机系统体系设计的过程中，采用高速缓冲存储器（Cache）的设计思想是 1967 年由 GIBSON 首次提出的，并在 IBM-360/85 型的大型机中采用和实现了这一设计思想。现在这种设计思想，不仅在大、中型机中使用，而且在高档的微型计算机中也普遍采用，如为了加速读写速度而采用磁盘 Cache，以缓解速度不匹配的问题。

1．Cache 的结构

在计算机的发展过程中，主存器件速度的提高一直跟不上逻辑电路的发展速度。在整个计算机系统中，CPU 执行指令的速度比主存读写的速度要快得多。而且 CPU 每执行一条指令至少要访问主存一次，有的指令还需要访问主存一次或多次来读/写相应数据结果。在这种情况下，就使得 CPU 和主存速度不匹配的问题显得更加突出，成为提高计算机处理速度和性能的瓶颈。

为了解决主存储器和 CPU 处理速度不匹配的问题，在两者之间增加了一级高速缓冲存储器。Cache 存储器一般采用与制作 CPU 相同的半导体工艺做成，其存取速度可同 CPU 相匹配，属于同一个量级。但是从制造成本上考虑，它的容量不可能很大，一般为 1～256 KB 不等。随着今后工艺的改进与技术的提高，Cache 的容量会有所增加。高速缓冲存储器的设计，实质上，利用的是程序访问的局部性原理。如磁盘 Cache，它在主存中开辟了一小块空间来存放经常访问的磁盘中的数据块。由于 Cache 的容量很小，Cache 中只能存放主存中的很少一部分数据块的副本。在 Cache 与 CPU 之间信息的传递是以字为单位的，但在 Cache 同主存之间的信息传送，则是以数据块为单位进行的。在目前的微型计算机中，如 Pentium Ⅲ、Pentium Ⅳ等微型计算机中，一般采用"三级存储，两级 Cache"的设计思想，如图 4.20 所示。

图 4.20　"三级存储，两级 Cache"示意图

Cache 的整个操作过程都是由硬件实现的，所以 Cache—主存层次，对于应用程序人员和系统程序人员来说都是透明的，而 Cache—外存储器层次是可以通过软件来实现的，一般由操作系统来完成。

如图 4.21 所示是在具有高速缓冲存储器的计算机中（Cache—主存层次），CPU 读取数据字的过程。当 CPU 从存储器中读取一个数据字时，它首先在 Cache 中查找是否存在，若有，则立即从硬件 Cache 中读出，并经数据总线传送到 CPU 内部寄存器中，以便进一步处理；若没有，则用一个主存周期的时间，从主存中读出该数据字到 CPU 中，与此同时，把包含这个数据字的整个数据块从主存读到 Cache 中。由于存储器访问的局部性特点，在这次操作之后，将要读取的数据在刚刚读入 Cache 中的可能性会很大。如果系统调度得当，则有效数据在 Cache 中的命中率可达到很高。这样对于 CPU 而言，就好像直接从容量很大的内存中取数据一样（实际上是从高速缓存中取得的），而且速度非常快。

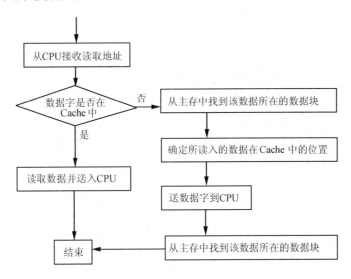

图 4.21 具有 Cache 的计算机中 CPU 读取数据字的过程

2. 高速缓冲存储器 Cache 中所采用的主要技术及实现

在 Cache 的设计中，主要涉及 3 个方面的问题，即地址映像、替换算法和写入策略。下面就其中的一些主要问题加以说明，以便加深对 Cache 工作原理的理解。

（1）地址映像

地址映像用来确定主存的数据块和 Cache 的槽号（槽号就是在 Cache 中所存放的各个数据块的逻辑编号）之间的对应关系。Cache 中通过地址映像把主存中的所需数据块地址转换成 Cache 中某一个槽的位置，以确定一个主存的数据块应存放到 Cache 的哪一个槽中。Cache 中的这种地址映像功能，要求速度极快，所以完全用硬件来实现。

用于实现地址映像的算法主要有 3 种，即直接地址映像、全相连地址映像和组相连地址映像。下面以一个简单的例子来概要说明这 3 种算法的实现过程。

假设在某个计算机系统中 Cache 的容量为 1 KB，数据块的大小为 8B，则此 Cache 中所需的槽数 $C=1\,024/8=128$。主存容量为 64 KB，按字节编制 $2^{16}=64$ K，故主存的地址空间为 16 位译码，主存中所含数据块的总数为 $M=64$ K$/8=8$ K。

① 直接地址映像。

直接地址映像是最简单的映像方法，它利用"模取余"的方法实现。采用直接地址映像时，主存的每个数据块只允许存放到 Cache 中的一个特定的槽中。地址映像的算法公式为：

$$S = A \bmod C$$

式中，S 为 Cache 中的槽号；A 为主存地址中数据块的编号；C 为 Cache 中槽的总数。在此例中，$C=128$，$S=A \bmod 128$，故此主存中的第 0，128，256…等数据块只允许存放到 Cache 中的第 0 号槽中，主存的第 1，129，257，385…号只允许存放到 Cache 的第 1 号槽中，依次类推，直到主存的第 127，255，511…号数据块只允许存放到 Cache 的第 127 号槽中。主存地址 16 位中，最右侧的 3 位用来对数据块内部各个字节的译码（因为数据块的大小为 8 字节，$2^3=8$），其余 13 位用于主存中数据块的编号译码（共有 $2^{13}=8$ K 个数据块），在这 13 位中右侧的 7 位指明 Cache 中用来存放主存块的槽号 S，左侧的 6 位是标签数，用来存放在 Cache 槽中的“标签”部分。对于存放在同一个 Cache 槽号中的主存中的数据块，就是通过它们在 Cache 中的这种逻辑“标签”号来相互区分的。

在读数据时，Cache 从 CPU 中得到 16 位的主存地址，其中用 7 位槽号来确定 Cache 中一个特定的槽，再用主存地址最左侧的 6 位标签数，同这个槽中存放的标签数比较。如果相符，则说明这次访问的数据在 Cache 中，可以按主存地址最右侧的 3 位块中的字节编码，从相应的槽内的共 8 个字节中取出要找的单元数据；如果不符合，则用主存地址的左 13 位，从主存中读取一个数据块到 Cache 中的特定槽中，把原来槽中的数据覆盖，同时按主存地址的右侧 3 位从该块中选出特定的字节送到 CPU。

直接地址映像的优点是硬件简单，制造成本低。缺点是每个主存块只能固定地存放到 Cache 中特定的槽中，缺少灵活性，Cache 的利用率很低。如果两个主存块同时存放到同一个槽中就会导致冲突，这使得一些主存块要在同一个 Cache 槽中不断地交替存放，增加了系统 I/O 的次数。

② 全相连地址映像。

针对直接地址映像方法的缺点——Cache 利用率低、命中率低和灵活性差，可采用全相连地址映像加以解决。在全相连方法中，每个主存块允许存放到 Cache 中的任何一个槽中，不像直接地址映像方法那样，只能对应固定的槽号。还以上例说明，此时主存的 16 位地址只分为两部分，其中 13 位用于主存块的标签数的译码，另外 3 位用于数据块内各个存储单元的译码。采用全相连映像，在读数时，必须把所读数的主存地址中，左 13 位标签数与 Cache 中全部 128 个槽中存放的 128 个标签数依次进行比较。如果发现读数地址中的标签数，同某个槽的标签部分中的标签数相同，则说明这次访问命中，所读数据在该槽的数据块中，读出并送到 CPU；否则必须从主存中首次读取。

全相连地址映像的优点是，主存数据块能灵活地写入 Cache 中的任何一个槽中，数据块之间的冲突小，命中率高，Cache 的空间利用率高。它的唯一缺点就是逻辑电路的设计十分复杂，制造成本高。

③ 组相连地址映像。

组相连地址映像方法是直接地址映像和全相连地址映像的折中方法。它把 Cache 中的所有槽号分成若干组，每组又包含若干个槽号。这样当主存数据块读入 Cache 中时，首先要找该数据块在 Cache 中的槽的组号，然后进行组内译码找到确切的槽号，最后进行数据块内的译码工作，进而找到相应的数据单元。

（2）换算法

当一个新的主存块要写入 Cache 中已有数据块占用的槽号时，就存在数据块之间的替换问题。对于直接地址映像，只有一种选择，即直接替换特定槽中已有的旧数据块。对于全相连和组相连地址映像，就要综合考虑从允许替换的多个槽号中替换哪一个最合理的问题。目前实现这种替换的算法有很多种，现就比较常用的算法加以简要介绍。

① 近期最少使用的算法（LRU）。

该替换算法总是替换掉 Cache 中最长时间没有用过的数据块，这种算法的核心思想同样利用了程序访问的局部性原理。如果程序正在访问一个数据块中的数据，那么它在最近相关的数据访问操作在已读到 Cache 中的该数据块中的可能性是最大的,体现了近期概率的问题。同样,若很长时间没有访问 Cache 中的某个槽号中的数据块,那么,在今后的操作中不再访问该数据块中的数据的可能性也是最大的。因此在新的数据块读入时,替换掉该长时间没有访问的数据块是较为合理的。采用这种替换算法,数据块的命中率相当高。

② 先进先出(FIFO)。

该算法总是替换掉在 Cache 中存放时间最久的数据块。注意不要与 LRU 方法混淆,最近最少使用的数据块不一定就是最先进入 Cache 中存放时间最长的数据块。FIFO 算法实际上是利用了数据结构中的"队列结构"。该算法的硬件实现,可通过一个循环移位寄存器做到。

③ 随机替换(RANDOM)。

这种算法不考虑使用情况,在 Cache 中通过一个随机数来选择一个槽中的数据块来替换。

所有在 CPU—Cache—主存层次上的替换算法都是由硬件来实现的,不需要用户的干预;而对于主存—Cache—辅存层次上的替换算法,则一般都由操作系统来实现。

(3)写入策略

高速缓冲存储器 Cache 中的内容是主存中的一小部分内容的副本,应该和主存中的数据内容保持一致。在数据处理的过程中势必要修改 Cache 中数据块内的数据(即发生 CPU 的写操作),这样 Cache 中的内容就会与主存中相应数据块中的数据有所不同。除 CPU 之外,其他设备大多与主存中的数据打交道,这种数据的不一致性必然会产生严重的后果。因此,设法保证 Cache 中的数据与主存中相应数据块的内容的一致性十分必要,且必须保证数据的一致性。如何保证这种数据的一致性就是写入策略的问题。下面介绍主要 Cache—主存层次的写入策略。

① 全写法 WT(WRITE-THROUGH)。

用这种写入策略时,在写入数据的同时需要写入 Cache 和主存中相应的数据块。如果在多处理机中存在多个 Cache,则要保证所有 Cache 中包含要写入数据块的内容同时得到刷新。如主存中的某个数据块经写入后内容改变了,那么凡是在 Cache 中包含该数据块的内容都应该作废。显然这种方法中存在过多的写入操作,它势必造成系统执行效率的降低,影响整个系统的速度。为了改变这种状况,可在系统内增设一些缓冲寄存器,用于接受 CPU 送来的写入数据和地址,从而不过多地占用 CPU 的写入时间周期,以后由这些缓冲寄存器在下一个时钟周期到来时自动写入主存即可。

② 回写法 WB(WRITE-BACK)。

采用这种写入策略进行写操作时,只需修改 Cache 中的内容,而不修改主存中的内容。只有当已发生过写入数据的数据块被替换掉时,才将这个被修改过的数据块回写到主存之中,最后才能从主存中调入新的数据块,从而把这个在 Cache 中的数据块替换掉。然而这种策略存在一个主要的问题:主存中的部分内容在操作的过程中可能已经作废,如果使用可能会引起错误。如果要保证使用过程中数据的有效性,I/O 设备也应该从 Cache 中读/写信息。但是这样做又会使硬件的设计实现的复杂度增加,制造成本增大,势必会使 Cache 成为计算机系统设计的"瓶颈"。

总的来说,高速缓冲存储器 Cache 在计算机系统中起到到两个方面的作用:在单处理机(含 1 个 CPU)中,它可以弥补主存与处理机在处理速度方面不匹配的矛盾;在多处理机中,它可以起到减轻互联网络中信息传送负担的作用。

4.4.2　虚拟存储器

虚拟存储器的存储管理方法是在伴随分页式管理办法（包括段式管理、页式管理和段页式管理）的基础上发展起来的。1961年英国曼彻斯特大学的Kilburn等人首次提出虚拟存储器的想法，到目前为止，这种设计思想被广泛地应用于大、中、小、微型机系统之中。

虚拟存储器的设计思想与Cache的设计思想类似，同样利用程序访问的局部性原理，采用按需调页的办法（所谓"按需调页"，就是进程中所涉及的数据页/（或称）数据块，只有在需要时才被调入到主存之中）。一道程序虽然可以很长，所涉及的数据页可能会很多，但在执行时并不需要把所有的数据页都装入主存，只需装入少数几页即可，其余各页仍在辅助存储器之中。当程序执行到某一时刻，程序需要转到没有存放到主存中的数据页时，计算机通过产生"缺页"中断，由操作系统自动把所需要的页从辅助存储器中调到主存。

这种按需调页的办法可以使一个容量并不大的内存同时运行多道程序。如果操作系统调动得当，页面的I/O次数不会很频繁，一个总长度超过内存总容量的程序照样可以正常执行。这样，程序员或用户会感觉到他所用的内存容量比实际使用的容量大得多，这个虚幻的存储器就是虚拟存储器，简称"虚存"。实际上，虚存的容量就是辅助存储空间的大小，其内容就放在辅助存储器之中，但程序实际上还是只有放在主存中才能执行，因此也就把主存称为实存了。

虚拟存储器系统中有两种地址空间，即虚存地址空间（虚地址）和实存地址空间（实地址）。虚地址就是CPU在执行程序的过程中产生的逻辑地址，而实地址就是内存的实际物理地址。虚拟存储器的实现过程是在硬件和操作系统的共同支持下协同完成的。硬件主要负责虚/实地址的转换，操作系统主要负责数据页的调入/换出，以及主存的管理等。

在虚拟存储器系统的实现过程中，与Cache的调度实现过程类似，同样存在数据页替换算法和写入策略的问题。具体的实现过程和策略，可参照Cache部分的内容。

本章小结

本章系统阐述了存储系统的有关原理、概念和技术。首先，介绍了半导体存储器的分类，然后分别介绍了RAM、ROM存储器的基本工作原理，介绍了几种常见存储芯片和引脚、规格和使用方法，最后介绍了CPU与存储器的连接与控制，以及存储器扩展的相关概念和工作原理。

 习题4

1. 试说明计算机系统中存储器的3种主要分类方法及分类情况。
2. 以6管静态RAM为例，说明对静态RAM基本存储单元的读/写操作过程。
3. 动态RAM为什么必须定期刷新？
4. 只读存储器（ROM）从功能和工艺上可分为哪几类？它们各自的特点是什么？
5. 微型计算机系统中存储器与CPU连接时通常应该考虑哪几方面的问题？
6. 试画出微型计算机中存储器的空间分布图。
7. 简述微型计算机存储系统的主要扩展技术。

第5章 总线系统

本章要点

➢ 了解总线的基本概念。

➢ 了解总线的分类。

➢ 了解总线的仲裁原理及方式。

➢ 了解几种常见的总线。

5.1 总线的基本概念

微型计算机由若干个系统部件（模块）组成，每个部件都能完成一定的功能。这些部件之间必然有信息交换，而信息的交换是通过总线完成的。

从理论上来说，计算机各部件之间的信息交换可以根据部件的性质，单独设计通信线路，用来满足部件之间的通信需要。这种传送方式控制简单，传送速度快，传输可靠。但由于一台计算机包括许多部件，如果采用这种方式，势必造成通信线路非常复杂。因此，计算机采用一种称为总线的机制实现各部件之间的通信。

总线是一种将微处理单元、存储器和输入/输出接口等相对独立的部件连接起来并传送信息的公共通道。

总线是计算机的重要资源，在计算机中起着重要的作用。微型计算机广泛使用总线技术，以简化硬件系统和软件系统的设计。从硬件来看，接口设计者只需按照总线规范设计插件板，即可以保证它们具有互换性与通用性，以便大批量生产；从软件来看，接插件的模块化结构有利于软件设计的模块化。用总线连接的系统，结构简单清晰，扩充及更新方便。正是由于计算机采用了总线结构，才使得计算机的升级成为可能，也使得计算机配件价格越来越便宜。家电产品不能升级的原因就是没有使用总线。

5.2 总线的分类

1. 根据微型计算机总线的规模、用途及应用场合分类

根据微型计算机总线的规模、用途及应用场合，可以把它分为以下 3 类。

（1）芯片总线

芯片总线又称元件级总线。它是指一些大规模集成电路的内部总线或者芯片之间的总线。它所连接的所有部件都处在同一个硅片上，追求高速度是它的主要目标，一般采用并行总线。同时，为了克服总线上在同一时刻只能有一个通信存在的问题，一般采用多总线措施，使得

芯片中可以同时有若干个总线工作，实现芯片内若干部件同时工作，大大提高芯片的工作速度。

（2）内总线

内总线又称系统总线，它是微型计算机系统内连接各插件板的总线，用于插件与插件之间的信息传送。

（3）外总线

外总线又称通信总线，它用于微型计算机系统与系统之间或微型计算机系统与外部设备之间的数据交换。

2．根据总线传送的信息分类

根据总线传送的信息不同，微型计算机总线分为以下3类。

（1）数据总线（DB）

它是一种3态控制的双向通信总线，用于实现CPU、存储器和输入/输出接口之间的数据交换。微型计算机内部数据信息（可以是数值数据，也可以是指令码等）均通过数据总线传送。数据总线的宽度决定了计算机的位数。总线的3态控制对于快速数据传送方式（DMA方式）是十分必要的。当进行DMA传送时，从外部看，CPU是与总线"脱开"的，外部设备可以利用总线直接与内存交换数据。

（2）地址总线（AB）

它是一种由CPU向外发出的单向通信总线，用于向存储器或输入/输出接口提供地址码，以选择相应的地址单元或寄存器。也就是说，由CPU发出的地址信息均通过地址总线传送。地址总线的宽度决定了CPU的寻址范围（可以识别的存储单元的数目）。地址总线的数量是很规范的，例如，某8位微型计算机有16根地址线，它的寻址范围是$2^{16}=64K$，它的地址范围是0000H～0FFFFH；又如，16位微型计算机的地址总线是20根，它的寻址范围是1M，相应的地址范围是00000H～0FFFFFH。

（3）控制总线（CB）

控制总线传送的是保证微型计算机各部件同步协调工作的定时和控制信号，它也是单向通信总线。其中有的用于传送从CPU发出的信息，如读、写等信号，有的是其他部件发送给CPU的信号，如复位、中断请求等。控制总线的根数因机器的不同而不同，它不像数据总线和地址总线那么规范。

3．按总线传送信息的方式分类

按总线传送信息的方式不同，微型计算机总线又可以分为以下两类。

（1）并行总线

计算机中的信息一般是由若干位二进制数码组成的，传送时，每一位占用一条信号线，即有多少位数码，就占用多少条信号线。例如，传送一个8位的数据，需使用8条信号线。这样的传送方式的总线，称为并行总线。这种总线的特点是结构复杂，成本高，但传送速度快，常用于传输距离较短，传输速度要求较快的场合。

（2）串行总线

只使用一条信号线，让数据的每一位分时在信号线上传送，这样传送方式的总线，称为串行总线。这种总线的特点是结构简单，成本低，但传送速度慢，常用于传输距离较远，传输速度要求不高的场合。

5.3　总线的信息传送方式

总线的信息传送方式即通信方式，通常有 3 种，即同步方式、半同步方式和异步方式。

1．同步方式

总线上数据传送时，通信双方使用一个共同的时钟，以保持通信双方的时序同步，这种方式称为同步方式。

这种方式的时序控制关系比较简单，可以获得较高的通信速度。但这种方式要求通信双方速度比较接近。如果速度差距较大，则只能使用速度较低的一方所设置的时钟，否则，数据无法正常传送。如果通信距离较长的话，则需要考虑数据在线路上的传送延迟，以保证数据通信正确。

2．半同步方式

半同步方式是对同步方式的一种改进。通信双方还是在同一时钟下工作，考虑设备速度的差异，若低速设备不能在规定时间内完成操作的话，则可以申请延长操作时间，从而保证不同速度的设备之间能够正常通信。

3．异步方式

异步方式允许通信双方有不同的时钟。发送方在发送数据的同时，发送相应的时间标志，使对方了解数据的起始点和结束点，或由应答信号来控制传送过程。

异步方式分为单向方式和双向方式。单向方式不能判断数据是否被对方正确接收，因此一般采用双向方式。在双向方式中，通信双方有状态信号，可以通过读对方的状态信号来了解对方的工作情况，从而保证双方正确通信。

5.4　总线的仲裁

连接在总线上的设备分为两种。一种是主模块，另一种是从模块。主模块具备总线控制权，换句话说，它具有控制总线的能力，例如 8088/8086 CPU 和 DMA 控制器 8237 等。从模块可以对总线上的数据请求做出响应，但本身不具备控制总线的能力。

总线上往往有若干个主模块。当同时有若干个主模块发出总线请求时，总线控制器响应哪一个请求呢？主模块的功能各不相同，所完成的工作也是不相同的，有轻重缓急之分。为了高效、合理地使用总线资源，使总线资源发挥最大作用，总线仲裁器应该按一定的原则进行判优，决定由哪个模块使用总线，这就是总线仲裁。只有获得了总线使用权的模块，才能传送数据。常用的总线裁决方式有 3 种，即串行总线仲裁方式、并行总线仲裁方式和计数器仲裁方式。

5.4.1　串行总线仲裁方式

串行总线仲裁方式如图 5.1 所示。

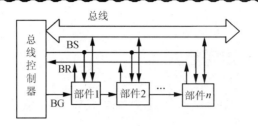

图 5.1　串行总线仲裁方式

图 5.1 中的 BS 是"忙"信号，BR 是"总线请求"信号，BG 是"总线同意"信号。当某个主模块需要使用总线时，先检测总线"忙"信号 BS，若该信号有效，则说明有其他主模块正在使用总线，需要等待，直到 BS 无效。在 BS 信号处于无效状态时，任何模块都可以通过 BR 发出"总线请求"信号。总线控制器接收到"总线请求"信号 BR 后，并不能判断是谁发出的请求。实际上，总线控制器也不判断是谁发出的请求，而是发出一个"总线同意"信号 BG。信号 BG 在各个模块之间传递，直到 BG 信号到达发出请求的模块。这时候，BG 信号不再往下传递，并且由该模块获得总线控制权。由以上叙述可以看出，越靠近总线控制器的模块，就具有越高的优先权。

5.4.2　并行总线仲裁方式

并行总线仲裁方式如图 5.2 所示。

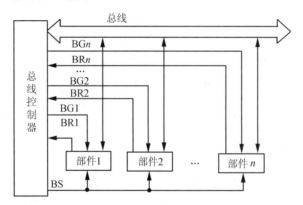

图 5.2　并行总线仲裁方式

图 5.2 中的 BR1、BR2…BRn 分别是部件 1、部件 2…部件 n 的"总线请求"信号；BG1、BG2…BGn 分别是部件 1、部件 2…部件 n 的"总线同意"信号；BS 是"忙"信号。从图 5.2 中可以看出，各模块之间是完全独立的，没有任何联系。当总线"忙"信号无效时，任何模块都可以单独提出总线申请。当某一个模块需要使用总线时，首先检测"忙"信号 BS 是否有效，如果有效，则说明目前有模块正在使用总线，必须等待，直到 BS 无效，才可以提出申请。总线控制器内部有优先权编码器和优先权译码器。总线请求信号经优先权编码器产生优先权编码，并由优先权编码器向优先权最高的模块发出"总线同意"信号。得到总线同意的模块撤销"总线请求"信号，并由控制器置总线"忙"信号为有效。当该模块使用总线后，即置总线"忙"信号为无效，以备别的模块使用总线。

并行总线仲裁方式对优先权控制是比较灵活的。它可以预先固定优先权，例如可以使 BR1 优先权最高，BR2 次之等；也可以通过程序来改变优先权；也可以屏蔽（禁止）某个请求，以拒绝来自某个被屏蔽部件的请求。

5.4.3　计数器仲裁方式

计数器仲裁方式如图 5.3 所示，图中 BS 是总线"忙"信号，BR 是"总线请求"信号。

总线上的某一个主模块需要使用总线时，通过
BR 发出"总线请求"信号。总线控制器接到"总
线请求"信号后，如果总线"忙"信号无效，则使
计数器开始加 1 计数，并且将每一个计数值通过一
组地址线发送（广播）到各主模块，每一个模块都
会收到这些计数值。每一个模块的接口都有一个模
块地址判别电路，当地址线上的计数值与模块的地
址值一致时，该模块便置总线"忙"信号为有效，
从而获得总线使用权，终止计数。

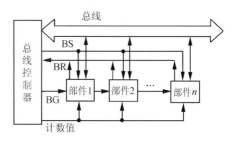

图 5.3　计数器仲裁方式

每次计数都可以从 0 开始，也可以从前一次终止的地方开始。如果从 0 开始计数的话，
则优先顺序与串行方式是一致的；如果从终止点开始计数，则每一个模块的优先权都是一致
的。计数器的初值可以从程序中设置，以增加优先权控制的灵活性。

5.5　总线的通信协议

总线是用于传送数据的，怎样保证数据通过总线后，使接收方收到正确的信息，不至于
在传送过程中发生错误呢？这就需要通信协议来保证。

所谓通信协议，就是为了保证正确通信而对通信双方约定的规则，就是发送方和接收方
都要遵守的规则。

为了保证正常通信，在进行通信的一对部件之间，应该满足以下条件。

①　发送方开始发送数据前，接收方应该做好接收准备。

②　接收方在正确接收数据前，发送方始终保持数据，不能撤除。

总线的通信协议，实际上就是总线操作的几种总线周期，也就是总线的时序。由 8088
CPU 组成的微型计算机，主要有 7 种总线周期。

➢　读存储器总线周期。

➢　写存储器总线周期。

➢　读 I/O 口总线周期。

➢　写 I/O 口总线周期。

➢　DMA 写 I/O 总线周期。

➢　DMA 读 I/O 总线周期。

➢　中断响应总线周期。

下面以几种周期为例，说明总线的通信协议。

5.5.1　读存储器总线周期

读存储器总线周期的信号时序如图 5.4 所示。

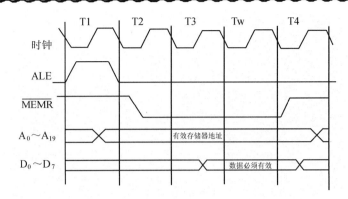

图 5.4　读存储器总线周期的信号时序

每一个总线周期包括 4 个时钟周期（状态）。T1、T2、T3、T4 是总线周期的 4 个时钟周期（状态），Tw 是等待周期。如果连接在总线上的设备速度较慢，无法在 4 个时钟周期内完成数据传输任务，则由相关逻辑电路在 T3 和 T4 间插入等待周期 Tw。根据需要，Tw 可以是一个，也可以是若干个。

本总线周期是在 T1 时间内的 ALE 信号有效后开始的。ALE 的下降沿表示地址信号是有效的，可以采样地址信号。T2 时间内，$\overline{MEMR}$ 信号变为有效，表示现在的周期是总线读周期。同时，由于通知地址总线所选中的存储器，所以可以往数据总线上输出数据。在 T3 时间内的下降沿处，如果检测到有效数据（实际上是采样 READY 信号），则进入 T4 周期，从总线上获取数据；如果在 T3 时间内，数据还没有送到总线，则由相关的逻辑电路，插入 Tw 周期，继续检测总线数据；如果没有稳定的数据，则继续插入 Tw 周期，直到总线上有稳定的数据，进入 T4 周期，完成数据读的任务。

5.5.2　写存储器总线周期

写存储器总线周期的信号时序如图 5.5 所示。

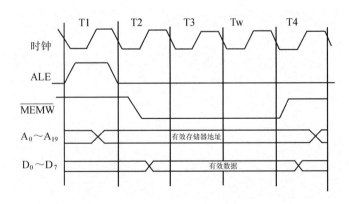

图 5.5　写存储器总线周期的信号时序

本总线周期是在 T1 时间内的 ALE 信号有效后开始的。ALE 的下降沿表示地址信号已经有效，可以采样地址信号。该地址信号代表要写的存储器的单元地址。在 T2 时间内，信号 $\overline{MEMW}$ 有效，一方面，表示现在是存储器写周期，另一方面，表明开始将数据送到总线上。在 T3 时间内下降沿处，同样检测 READY 信号（表示准备好），根据 READY 信号决定是否插入 Tw 周期和插入 Tw 周期的个数。进入 T4 时间内，数据写入到地址信号所选中的存储单元内，撤除总线上的数据。

5.5.3　读 I/O 口总线周期

I/O 口的地址可以单独编址，也可以和存储器混合编址。对于单独编址方式，读取 I/O 口时，8088 CPU 使用 IN 指令，写 I/O 口时使用 OUT 指令。

读 I/O 口总线周期的信号时序如图 5.6 所示。

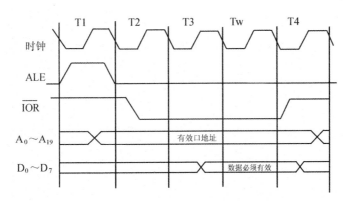

图 5.6　读 I/O 口总线周期的信号时序

从图 5.6 中可以看出，读 I/O 口的总线周期与读存储器的总线周期是比较相似的，只是 $\overline{\text{MEMR}}$ 信号换成了 $\overline{\text{IOR}}$ 信号，表示读 I/O 口。当 I/O 口速度较慢时，就会插入 Tw 周期，以保证正确通信。

5.5.4　写 I/O 口总线周期

写 I/O 口总线周期的信号时序如图 5.7 所示。

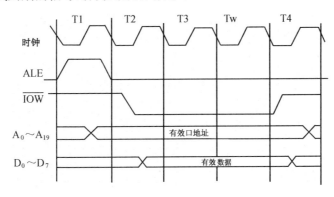

图 5.7　写 I/O 口总线周期的信号时序

从图 5.7 中可以看出，写 I/O 口的总线周期与写存储器的总线周期是相似的，只是 $\overline{\text{MEMW}}$ 信号换成了 $\overline{\text{IOW}}$ 信号，表示写 I/O 口。当 I/O 口速度较慢时，也会插入 Tw 周期，以保证正确通信。

5.6　总线标准化

1．为什么要制定总线标准

总线是计算机系统的重要部件，是计算机的重要资源。各计算机厂家都非常重视总线标准的设计工作。他们按照自己的系统特点，经过反复实验，设计出使用稳定、能较好地支持自己系统的总线。由于生产能力有限，计算机的部件一般由不同的厂家生产，总线设计厂家为了使自己的产品得到推广，往往公开自己设计的总线标准。经过各厂家的比较选优，再加上市场的作用，优秀的总线标准自动成为行业标准。

有了总线标准以后，各计算机部件厂家就可以按总线标准生产计算机部件，这样的部件就可以在该类系统上使用。

总线标准包括尺寸、引脚电气特性及信号定义等方面。

正因为有了总线标准，才有不同厂家生产声卡和显卡等设备供用户选择。如果没有总线标准，则用户的计算机是 IBM 公司的，就只能买 IBM 的显卡；用户的计算机是联想公司的，就只能买联想公司的声卡。用户别无选择，因为独此一家。

所以说，总线标准推动了计算机行业的发展，推动了计算机市场的发展。

2．总线标准的现状

芯片级总线的标准化问题目前没有妥善解决，主要由于芯片生产厂家没有统一的标准化规范，因而很难通过简单的连接提供芯片之间的标准信息通道。例如，现在的 CPU 芯片主要是 Intel 公司和 AMD 公司的，两个公司的 CPU 不能简单地用于同一块主板上，同一公司的不同芯片也不能用于同一块主板（有的主板可以通过设置来适应不同的 CPU）上，就是由于片内总线不同，造成引脚功能不同。

目前，由 IEEE（美国电子及电气工程师协会）建议的标准已有 20 多个。这些标准定义了总线的物理结构、尺寸、信号定义、数据宽度、地址空间、传输速率及通信协议等内容。

5.7　常用的总线标准

采用总线的目的是简化微型计算机的结构，使得微型计算机的硬件和软件模块化，从而提高性能，降低成本。

随着微电子技术和计算机技术的发展，总线技术也在不断地发展和完善，使计算机总线技术种类繁多，各具特色。下面介绍几种在微型计算机上使用的总线和即将使用的总线。

5.7.1　ISA 总线

ISA（Industrial Standard Architecture）总线标准是 IBM 公司于 1984 年为推出 PC/AT 机而建立的系统总线标准，所以也称 PC—AT 总线。最初它被用于 IBM 的 80286 CPU 计算机上，它是对 XT 总线的扩展，以适应 8/16 位数据总线要求。它在 80286—80486 时代应用非常广泛，现在奔腾机中还保留有 ISA 总线插槽。ISA 总线有 98 只引脚，分为前 62 引脚和后 36 引脚。正是由于这种结构，它既可以利用前 62 引脚插入与 XT 兼容的 8 位扩展卡，又可以利用整个插座插入 16 位扩展卡。由于 ISA 总线稳定性特别好，所以目前还在使用。

由于 ISA 是非常典型的总线，并且使用非常广泛，所以，下面详细介绍 ISA 总线的结构。

1. ISA 的机械规范

ISA 总线插件板的机械规范如图 5.8 所示。这种插件板共有 98 个引脚，分布在一长一短两个插口上。长插口有 62 个引脚，用 A1～A31 和 B1～B31 标识，分别位于插件板的两侧；短插口有 36 个引脚，分别以 C1～C18 和 D1～D18 标识，也分别位于插件板的两侧。ISA 总线的插槽如图 5.9 所示。

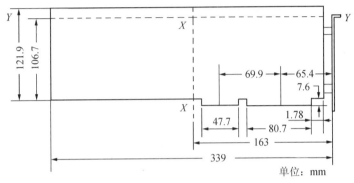

图 5.8 ISA 总线插件板的机械规范

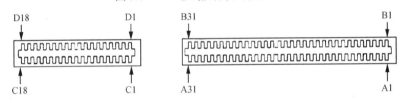

（a）

图 5.9 ISA 总线的插槽

长插口的 62 个引脚与 XT 总线兼容，增加一个 32 引脚的短插口，就形成了 ISA 总线。

2．ISA 总线引脚信号定义

ISA 总线引脚信号定义如图 5.10 所示。

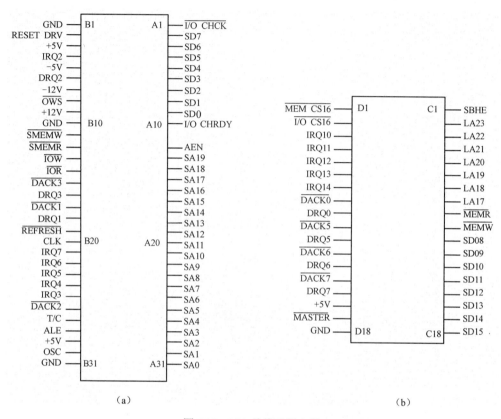

图 5.10　ISA 总线引脚定义

SA0～SA19：地址线，用来确定 I/O 端口或者存储器的地址，SA0 为低位。当它们用做 I/O 端口地址时，SA10～SA19 没有意义，即无效，故 I/O 端口地址范围为 1K，但系统已经使用了 0200H～03FFH，用户可以使用其他地址。

LA17～LA23：地址线。这 7 根地址线是 80286 CPU 的 A17～A23 经总线驱动器 LS245缓冲后提供的非锁存信号。它们可以由总线控制器的地址锁存信号 BALE 锁存到扩展插件板上。而 SA0～SA19 则是已锁存于地址锁存器的地址信号，其中 SA17～SA19 和 LA17～LA19是重复的，这是为了保证 63 线的插槽与 PC（XT）总线兼容。

SD0～SD15：数据线，一共 16 根，其中 SD0～SD7 是低 8 位数据线，就是 PC（XT）总线的 8 位数据线，SD08～SD15 是高 8 位数据线。数据线用于数据传送。

AEN：地址允许信号。该信号是输出信号，高电平有效，表示正处于 DMA 控制中。它用于在 DMA 控制周期中禁止 I/O 端口译码。

ALE：允许地址锁存，输出线，高电平有效，由 8288 总线控制器提供，用来锁存有效地址。

$\overline{\text{IOR}}$：I/O 读信号，输出线，用来把选中的 I/O 设备的数据读入总线。该信号由 CPU 或 DMA 产生。

$\overline{\text{IOW}}$：I/O 写信号，输出线，用来把总线的数据写入选中的 I/O 设备。该信号由 CPU 或 DMA 产生。

$\overline{\text{SMEMR}}$：存储器读信号，输出线，用来把选中的存储单元中的数据读到数据总线上。它只对 SA0～SA19 地址线有效。

$\overline{\text{MEMR}}$：存储器读信号，输出线，用来把选中的存储单元中的数据读到数据总线上。它对全部存储空间有效。

$\overline{\text{SMEMW}}$：存储器写信号，输出线，用来把总线上的数据写到选中的存储单元中。它只对 SA0～SA19 地址线有效。

$\overline{\text{MEMW}}$：存储器写信号，输出线，用来把总线上的数据写到选中的存储单元中。它对全部存储空间有效。

$\overline{\text{MEM CS16}}$：存储器 16 位片选信号。该信号指明当前数据传送的是 16 位存储器周期，信号由外设卡发送给系统板。

$\overline{\text{I/O CS16}}$：I/O 16 位片选信号。该信号指明当前数据传送的是 16 位片选 I/O 周期，信号由外设卡发送给系统板。

$\overline{\text{MASTER}}$：输入信号。它由希望占用总线的有主控能力的外设卡使用，并与 DRQ 一起使用。

SBHE：总线高字节允许信号。表示数据总线传送的是高位字节 SD8～SD16。高电平有效时，将高位数据总线缓冲器的 D8～D15 送到 SD8～SD15。

T/C：DMA 终结计数，输出线，该信号是一个高电平脉冲，表示 DMA 传送的数据已经达到程序预定的字节数，用来结束一次 DMA 传送。

IRQ2～IRQ7：中断请求输入线，用来把外部设备的中断请求信号经系统板上的 8259A 中断控制器送到 CPU。IRQ2 级别最高，IRQ7 级别最低。信号的上升沿触发中断请求，并保持有效高电平，直到 CPU 响应中断。

IRQ10～IRQ14：也是中断请求输入线。位于 36 线的插槽上，其中 IRQ13 留给数据协处理单元使用。这些中断请求线都是边沿触发，3 态门驱动器驱动。

DRQ1～DRQ3：DMA 请求信号输入线，用来将 I/O 设备的 DMA 请求通过系统板上的 DMA 控制器，产生一个 DMA 周期。DRQ1 优先级最高，DRQ3 优先级最低。还有一个 DRQ0，在系统板上用做 DRAM 刷新通道，DRQ1、DRQ2、DRQ3 给用户使用。

DRQ0、DRQ5、DRQ6、DRQ7：也是 DMA 请求信号输入线，位于 36 线的插槽上。DRQ0 优先级高，DRQ7 优先级最低。DRQ4 总线上不用。

$\overline{\text{DACK1}}$～$\overline{\text{DACK3}}$、$\overline{\text{REFRESH}}$：这是 4 个低电平有效的输出信号，它表示 DRQ 已经被接受，DMA 将占用总线进入 DMA 周期。$\overline{\text{REFRESH}}$ 的发出仅表示系统对存储器进行刷新请求的响应。

$\overline{\text{DACK0}}$、$\overline{\text{DACK5}}$、$\overline{\text{DACK6}}$、$\overline{\text{DACK7}}$：低电平输出信号，位于 36 线的插槽上。与上面信号意义相同。

RESET DRV：系统通电时，这个输出信号为高电平保持有效，直到系统所有的电源都达到了要求后，才变成无效。如果通电后，任意一个电源变化达到系统要求范围之外，则该信号也会变为高电平。这个信号通常用来提供通电时的复位功能，使系统工作前让所有与总线相连的部件复位成初始状态。

I/O CHCK：I/O 通道检查，这是一个低电平有效的输入检查信号，用来报告与总线相连的接口插件板上的错误情况，它将产生一次不可屏蔽中断。

I/O CHRDY：I/O 通道就绪，该信号是一个输入信号，高电平有效，表示 I/O 通道已经准备好。该信号可以供低速 I/O 或存储器请求延长总线周期用。

5.7.2　EISA 总线

随着 32 位微处理单元的出现，ISA 总线已不能满足要求。IBM 公司为了垄断 32 位计算机市场，推出了微通道总线，并申请了专利，别人不允许使用。1988 年由 Compaq 等 9 家公司联合推出了 EISA 总线标准。它在 ISA 总线的基础上使用双层插座，在原来 ISA 总线的 98 条信号线上又增加了 98 条信号线，也就是在两条 ISA 信号线之间添加一条 EISA 信号线。在实际使用中，EISA 总线完全兼容 ISA 总线信号。EISA 总线的特点如下。

① 采用开放式结构，与 ISA 兼容，包括与时钟频率、数据信号及控制信号兼容。

② 数据总线达到 32 根，适应 32 位机使用。

③ 地址总线扩展到 32 根，使得处理单元的寻址范围可达 4GB。

④ 增强了 DMA 功能，且能在需要时自动将 8 位、16 位、24 位或 32 位数据转换到相应的数据宽度。

5.7.3　PCI 局部总线

PCI（Peripheral Component Interconnect）总线是当前最流行的总线之一，它是由 Intel 公司推出的一种局部总线。它定义了 32 位数据总线，且可扩展为 64 位。PCI 总线主板插槽的体积比原 ISA 总线插槽还小，其功能比 EISA、ISA 有极大的改善，支持突发读写操作，最大传输速率可达 132MB/s，可同时支持多组外围设备。PCI 局部总线能兼容现有的 ISA、EISA、MCA（Micro Channel Architecture）总线，但它不受制于处理单元，是基于奔腾等新一代微处理单元而发展的总线。PCI 总线的特点如下。

① 支持总线主控技术，允许智能设备在适当的时候取得总线控制权，以便加速数据传输和对高度专门化的任务的支持。

② 支持突发传输模式。在这种模式下，PCI 能在极短的时间内发送大量数据，特别适合高分辨率且大多数百万种颜色的图像快速显示。

③ 预留扩展空间，支持 64 位数据和地址。

④ PCI 总线具有 P&P（Plug and Play，即插即用）功能。用户只需插上 PCI 卡，系统就会自动配置，免去了跳线和设置的麻烦。

⑤ 与 ISA/EISA/MCA 兼容。

⑥ 设有特别的缓存，实现 CPU 与外界的隔离。外设或 CPU 的单独升级不会带来兼容问题。

⑦ 不受 CPU 速度和结构的限制，Pentium、Over Drive 等微处理单元均可使用。

⑧ 数据宽度为 32 位，当时钟频率为 33 MHz 时，最大数据传输速率为 132～264 MB/s。1995 年推出的 PCI 总线新标准的频率为 66 MHz，最高数据传输速率可以达到 528 MB/s。

如图 5.11 所示为 PCI 总线插槽实物图。

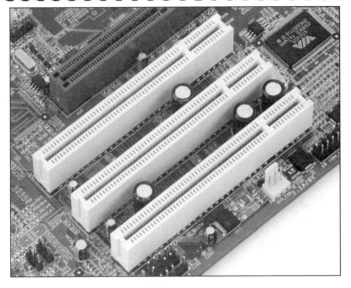

图 5.11　PCI 总线插槽实物图

5.7.4　AGP 总线

AGP 总线是英特尔公司为解决计算机处理（主要是显示）3D 图形能力差的问题而提出来的。图 5.12 所示是 AGP 总线插槽实物图。

图 5.12　AGP 总线插槽实物图

在电气信号上，AGP 总线完全兼容 PCI 总线。一个 AGP 设备既可通过 AGP 总线，也可通过 PCI 总线与内存进行数据交换。但 AGP 的显示卡不能插在 PCI 总线上，也就是说，AGP 并不是 PCI 的升级版本。与 PCI 相比，AGP 有以下 4 个重大改进。

①　对内存的读写操作实行流水线处理，充分利用等待延时，大大地提高了读内存的速度。

②　使总线上的地址信号与数据信号分离，一方面使总线效率达到最高，另一方面可以有

效地分配系统资源，避免了死锁的发生。

③ AGP 是第一个为图形卡而设计的界面。实际上 AGP 不能算总线，它只能算一种端口，因为总线可以支持多种设备。PCI 显卡以 PCI 总线频率（外频）的一半，即最大以 33 MHz 工作。它可以达到的峰值传输速率为 33×4（PCI 是 32 位总线，一次传输 4 字节）＝132 MB/s。而 AGP 以 66 MHz 的频率和 64 位的数据宽度工作，AGP1X 的峰值传输速率可达 66×4＝264 MB/s。AGP2X 的峰值传输速率可以达到 532 MB/s，因为"2X"可以在一个时钟周期中传输两次数据（上升沿和下降沿各一次）。一般的工作状态只能进行一次传输，而 AGP4X 的理论传输速率为 1.066 GB/s。

④ AGP 增加了一种使用模式——"Execute"模式（执行模式）。原来 PCI 使用的 DMA 模式适用于从系统内存到图形内存之间的大批量数据传输。其中系统内存中的数据并不能被图形加速器直接调用，只有调入图形，加速芯片才对内存进行寻址。而在 Execute 模式中，加速芯片（以 i740 为代表的一些显示芯片）将图形内存与系统内存看做一体，通过一种称为 Graphics Address Re-Mapping 的机制，加速芯片可直接对系统内存进行寻址，这样可以大大减轻局部显存的压力。

5.7.5　PCI-E 总线

PCI-Express（以下简称 PCI-E）采用了目前业内流行的点对点串行连接，比起 PCI 以及更早期的计算机总线的共享并行架构，每个设备都有自己的专用连接，不需要向整个总线请求带宽，而且可以把数据传输率提高到一个很高的频率，达到 PCI 所不能提供的高带宽。

PCI-E 的接口根据总线位宽不同而有所差异，包括 X1、X4、X8 及 X16，而 X2 模式将用于内部接口而非插槽模式。不同的模式如图 5.13 所示。PCI-E 规格从 1 条通道连接到 32 条通道，有非常强的伸缩性，以满足不同系统设备对数据传输带宽不同的需求。此外，较短的 PCI-E 卡可以插入较长的 PCI-E 插槽中使用，PCI-E 接口还能够支持热拔插，这也是个不小的飞跃。PCI-E X1 的 250 MB/s 传输速度已经可以满足主流声效芯片、网卡芯片和存储设备对数据传输带宽的需求，但是远远无法满足图形芯片对数据传输带宽的需求。因此，用于取代 AGP 接口的 PCI-E 接口位宽为 X16，能够提供 5 GB/s 的带宽，即便有编码上的损耗但仍能够提供约为 4 GB/s 左右的实际带宽，远远超过 AGP 8X 的 2.1 GB/s 的带宽。

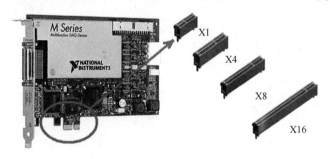

图 5.13　PCI-E 的不同模式

PCI-E 在软件层面上兼容 PCI 技术和设备，支持 PCI 设备和内存模组的初始化，也就是说过去的驱动程序、操作系统无须推倒重来，就可以支持 PCI-E 设备。而采用此类接口的显卡产品，已经在 2004 年正式面世，现在，PCI-E 已经成为显卡的接口的主流。除了显卡，PCI-Express 接口模式还通常用于网卡等其他主板类接口卡。具体板载如图 5.14 所示。

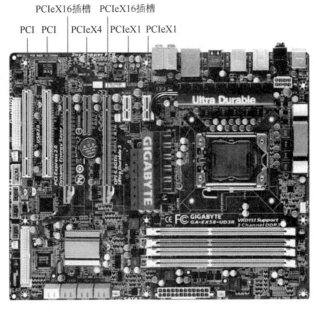

图 5.14　PCI-E 板载图

本章小结

本章介绍了微型计算机总线的概念。什么是总线？它是一种将微处理单元、存储器和输入/输出接口等相对独立的部件连接起来并传送信息的公共通道。总线是计算机的重要资源，在计算机中起着重要的作用。微型计算机广泛使用总线技术，以简化硬件系统、软件系统的设计。根据微型计算机总线的规模、用途及应用场合，它可以分为以下 3 类：芯片总线、内总线和外总线。根据总线传送的信息不同，微型计算机总线还可以分为以下 3 类：数据总线、地址总线和控制总线。通过几种特殊的总线周期，介绍了总线协议，介绍了总线仲裁的作用和 3 种总线仲裁的原理。介绍了微型计算机中几种常见的总线的性能和特性，详细介绍了 ISA 总线的机械特性和电气引脚。

习题 5

1．什么是总线？为什么采用总线结构？微型计算机总线通常有几类？

2．总线仲裁的作用是什么？总线仲裁有几种方式？

3．并行总线和串行总线各有什么特点？分别用于什么场合？试举例说明。

4．PCI 局部总线有何特点？它与 ISA 总线有何关系？

5．总线周期有哪几种？试详细说明写 I/O 口的总线周期。

6．AGP 总线有什么用途？

第6章 输入/输出系统

本章要点

➢ 掌握接口电路的基本作用和功能。

➢ 掌握联络概念的普遍性和联络形式的特殊性。

➢ 初步掌握接口电路的组成原理和控制程序的设计方法。

➢ 掌握中断是一个过程的概念，理解中断处理的基本要点。

➢ 了解高速外部设备采用DMA进行信息交换的基本过程。

➢ 理解常用接口芯片的使用原则和控制方法。

➢ 了解使用具有一定智能的I/O通道进行信息交换的基本原理。

6.1 概述

输入和输出是构成计算机系统必不可少的部分。

输入是处理单元获取待处理信息的源头；输出是处理单元按程序要求处理信息的表现。下面对输入和输出的过程做一简单描述。

目前计算机已经相当普及，下面的过程已司空见惯。当用户按下"A"键时，随即在显示器上便显示出"A"来；用鼠标单击某一图标，则会激活与之对应的一个程序。

键盘和鼠标是输入设备，显示器是输出设备，它们之间是怎样沟通的。整个过程是怎样进行的，整个计算机系统是怎样协调工作的，这些问题将在本章和下一章予以介绍。

1. 输入

目前计算机只能处理用二进制数表示的信息。在实际应用中，输入信息在表现形式上千差万别，但最终必须以二进制数的形式提供给处理单元。例如，键盘将按键与（某种形式的）开关相连接，当按下某个键时，与之相对应的开关闭合并得到一个信号，再将其转换成与之对应的二进制编码，经接口电路送给处理单元。再如，电子门锁，它将"钥匙"（某种信息的载体）输入给处理单元，供其识别并决定是否开门。电子温度计则是另一种形式的输入，首先将随时间连续变化的物理量（或称模拟量）转换为电量，最终变换为在时间上非连续的数字量，以便处理单元进行处理。

2. 输出

显示器是常见的输出设备，可以显示文本、图形和图像。但处理单元提供的是用二进制数表示的信息，当然显示器不可能直接接收键盘的信息。同样，该信息也必须经接口电路处理后，才能显示。打印机也是常用的外部设备，与显示器的不同之处是，它输出的是硬复制。

当然，还有其他不同形式的输出设备。

因此，外围设备并不直接接到计算机的系统总线上，它必须通过专门的输入/输出（I/O）接口才能实现与主机之间的相互通信。主机、总线（DB、CB、AB）、I/O 接口和 I/O 设备之间的关系如图 6.1 所示。

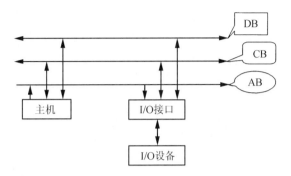

图 6.1　主机、总线、I/O 接口和 I/O 设备之间的关系

6.1.1　I/O 接口的基本功能和结构

1．I/O 接口的基本功能

I/O 接口的基本功能从本质上讲，是建立起总线与外围设备间的信息传输桥梁，具体可分为如下几方面。

（1）不同时序间的同步功能

由于 CPU 由高速半导体逻辑电路构成，它的工作速度可达 100 MIPS（即每秒执行 10^8 条指令）以上（今后的速度还会不断地提高）；而外围设备则多数由"机—电、机—光—电"类型的设备与部件组成，它们的工作速度与 CPU 相比是比较低的。如常见的针式打印机，每秒钟只能打印 100 个字符左右，而键盘输入的速度则更低。尽管各种新式的计算机外围设备的工作速度比以前有了较大提高，但仍比 CPU 的工作速度低得多。因此，I/O 接口电路应具有解决高速的主机与低速的外围设备之间因工作速度差异而引起的在传输数据时的同步问题，也就是具有信息传输前的联络功能。

（2）不同信息格式的转换功能

外围设备所处理的信息格式有多种形式。有串行的，也有并行的；有 8 位（bit）的，也有 16 位（bit）的。例如，CPU 字长为 16 位，若 I/O 设备按位串行传送数据，则 I/O 接口需进行串-并数据格式的转换。又如，CPU 字长为 16 位，而 I/O 设备数据格式为 8 位，则需要进行组装或分解，即将两个 8 位拼成一个 16 位字，或将一个 16 位字分解为两个字节。

（3）电气连接的匹配功能

外围设备所处理的接口信号也有多种形式。有数字式的，也有模拟式的；有标准的逻辑电平信号，也是非标准的电平信号。这些不同的信息格式及接口信号必须经过适当的转换，才能与主机进行正确的传输和交换。例如，在测量温度时，传感器送出的可能是模拟信号，则接口需进行模/数转换（A/D），将其变为数字信号，然后才能送往主机进行处理。另外，接口电路应提供总线和 I/O 设备所需的驱动能力，满足一定的负载要求。

（4）信息传输的缓冲功能

早期的计算机并没有单独的 I/O 接口电路，那时的输入/输出操作是在累加器的直接控制下完成的。这种方式的缺点是，当累加器忙于输入/输出处理时，它就不能做其他的计算和操作。这样，当程序中有较多的 I/O 处理时，其运行速度就被低速的 I/O 操作所限制。为解决此问题，出现了带缓冲器的 I/O 装置并得到了普遍采用。这里的缓冲器指通过一个或几个单独的寄存器，实现主机与外围设备之间的数据传送。这样，由于外围设备不与累加器直接进行通信，所以在输入/输出处理过程中，累加器还可用于其他的计算和操作。

另外，主机和 I/O 设备通常是按照各自独立的时序工作的，为了协调它们之间的信息交换，接口往往需要进行缓冲暂存，并满足各自的时序要求。在现代微型计算机中，这种缓冲器装置被发展改进而形成功能更强的 I/O 接口电路。这种 I/O 接口的主要功能是作为主机与外围设备之间传送数据的"转接站"，同时提供主机与外围设备之间传送数据所必需的状态信息，并能接收和执行主机发来的各种控制命令。

（5）设备选择功能

从形式上看，微型计算机系统一般带有多台外设，而 CPU 在同一时间内只能与一台外设交换信息，这就需要利用接口电路中的地址译码电路进行寻址，以选择相应的外设进行工作。

除少数简单外设外，大多数外设在与系统完成信息交换的过程中，需要若干个功能截然不同的缓冲暂存器，存放各种不同性质的信息。为了便于区分它们，应分别分配一个不同的地址。为了与存储器的地址进行区分，将其称为 I/O 端口地址。由此可见，设备选择功能，其实质就是端口寻址功能。

（6）中断处理功能

中断是实现外设与主机进行通信的一种控制方法。所以，接口中需设专门的中断控制逻辑电路，以处理有关的中断事务（如产生中断请求信号，接收中断回答信号，以及提供中断向量等）。

（7）可编程序功能

现代微型计算机的 I/O 接口，多数是可编程序接口（Programmable Interface）。这样可以在不改动任何硬件的情况下，只修改控制程序，就可改变接口的工作方式，使接口执行不同的操作命令，大大增加了接口功能的灵活性。

2. I/O 接口的基本结构

I/O 接口电路的一侧与各种各样的外围设备相连接，外围设备的多样性决定了 I/O 接口电路的复杂性。怎样具体地解决上述问题，不在本书讨论范围之内，但是可以研究常见的带有规律性的东西。I/O 接口电路的另一侧与系统总线连接，由于均采用标准的逻辑电路，所以硬件的连接十分简单。如图 6.2 所示 I/O 接口的基本结构，重点是其内部结构。

由图 6.2 可以看出，每个 I/O 接口内部都包括一组寄存器，通常有数据输入寄存器、数据输出寄存器、状态寄存器和控制寄存器。有的 I/O 接口中还包括中断控制寄存器。这些寄存器也被称为 I/O 端口，每个端口都有一个端口地址。主机就是通过这些端口与外围设备进行信息交换的。

（1）数据输入寄存器

数据输入寄存器用于暂存外围设备送往 CPU 的数据或在 DMA 方式下送往内存的数据。

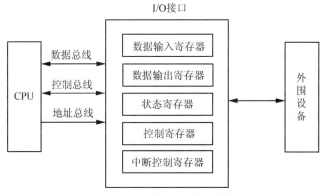

图 6.2　I/O 接口的基本结构

（2）数据输出寄存器

数据输出寄存器用于暂存 CPU 送往外围设备的数据或在 DMA 方式下内存送往外围设备的数据。

（3）状态寄存器

状态寄存器用于保存 I/O 接口的状态信息。CPU 通过对状态寄存器内容的读取和检测，可以确定 I/O 接口的当前工作状态，如上一次的处理是否完毕，是否可以发送或接收数据等，以便 CPU 能够根据设备的状态，确定是否可以向外围设备发送数据或从外围设备接收数据。

（4）控制寄存器

控制寄存器用于存放 CPU 发出的控制命令字，以控制接口和设备所执行的动作，如对数据传输方式、速率等参数的设定，数据传输的启动和停止等。

（5）中断控制寄存器

当 CPU 与 I/O 接口以中断方式交换信息时，中断控制寄存器用于实现外围设备准备就绪时向 CPU 发出中断请求信号，接收来自 CPU 的中断响应信号，并提供相应的中断类型码等。

6.1.2　I/O 接口的端口地址及译码

输入/输出接口包含一组称为 I/O 端口的寄存器。为了让 CPU 能够访问这些 I/O 端口，每个 I/O 端口都需有自己的端口地址（或端口号）。那么在一个微型计算机系统中，如何编排这些 I/O 接口的端口地址，即所谓 I/O 端口的编址方式？常见的 I/O 端口编址方式有两种，一种是 I/O 端口和存储器统一编址，也称存储器映像（Memory-Mapping）方式；另一种是 I/O 端口和存储器分开单独编址，也称 I/O 映像（I/O-Mapping）方式。

1．I/O 端口和存储器统一编址

这种编址方式是把整个存储地址空间的一部分作为 I/O 设备的地址空间，给每个 I/O 端口分配一个存储器地址，把每个 I/O 端口看成一个存储单元，纳入统一的存储器地址空间。CPU 可以利用访问存储器的指令来访问 I/O 端口，在指令系统上对存储器和 I/O 端口不加区别，因而无须设置专门的 I/O 指令。这时，存储单元和 I/O 端口之间的唯一区别是所占用的地址不同。

这种编址方式的优点是，由于 CPU 对 I/O 端口的访问是使用访问存储器的指令，而访问存储器的指令功能比较齐全，不仅有一般的传送指令，还有算术、逻辑运算指令，以及各种移位、比较指令等，因而可以直接对 I/O 端口内的数据进行处理，而不必先把数据送入

CPU 寄存器等。这样，可以使访问 I/O 端口进行输入/输出的操作灵活、方便，有利于改善程序效率，提高总的输入/输出处理速度。另外，这种编址方式也可使 CPU 的 I/O 控制逻辑比较简单，其引脚数目也可以减少一些。

这种编址方式的缺点是，由于 I/O 端口占用了一部分存储器地址，因而使用户的存储地址空间相对减小；由于利用访问存储器的指令来进行 I/O 操作，指令的长度通常比单独 I/O 指令要长，因而指令的执行时间也较长。

微处理单元 MC6800 系列、6502 系列及 MC68000 系列采用的就是这种编址方式。

2. I/O 端口和存储器单独编址

这种编址方式的基本思路是将 I/O 端口地址和存储器地址分开单独编址，各自形成完整的地址空间（两者的地址编号可以重叠）。指令系统中分别设立面向存储器操作的指令和面向 I/O 操作的指令（IN 指令和 OUT 指令），CPU 使用专门的 I/O 指令来访问 I/O 端口。

由于在采用公共总线的微型计算机结构中，数据总线的信息、控制总线的相关控制信号（主要是读写控制）及地址总线的地址，均为存储器和 I/O 端口所共享，所以在这种编址方式下，存在着信息究竟给谁的问题，要弄清信息是给存储器的，还是给 I/O 端口的。对此，一般通过在 CPU 芯片上设置专门的控制信号线来解决。典型的方法是在 8086 CPU 的控制总线中专设一个被称为 M/$\overline{\text{IO}}$ 的控制线作为标志，并用该控制线的高电平表示存储器操作，低电平表示 I/O 操作。通常，CPU 使用地址总线的低位对 I/O 端口寻址。例如，使用地址总线的低 8 位，可提供 $2^8 = 256$ 个 I/O 端口的地址范围；若使用地址总线的低 16 位，则可提供 $2^{16} = 65\,536$（64 K）个 I/O 端口地址。

这种编址方式的优点是：第一，I/O 端口不占用存储器地址，故不会减小用户的存储器地址空间；第二，单独 I/O 指令的地址码较短，地址译码方便，I/O 指令短，执行速度快；第三，由于采用单独的 I/O 指令，所以在编制程序和阅读程序时容易与访问存储器型指令加以区别，使程序中 I/O 操作和其他操作层次清晰，便于理解。

这种编址方式的缺点是：第一，单独 I/O 指令的功能有限，只能对端口数据进行输入/输出操作，不能直接进行移位、比较等其他操作；第二，由于采用了专用的 I/O 操作时序及 I/O 控制信号线，因而增加了微处理单元本身控制逻辑的复杂性。

微处理单元 Z80 系列、8086 系列均采用了这种编址方式。

3. I/O 端口的地址分配

由前面介绍可知，为使 I/O 端口能被 CPU 所访问，必须给每个 I/O 端口分配相应的端口地址。由于不同的微型计算机系统对 I/O 端口地址的分配并不完全相同，因此对于接口设计者来说，确切搞清系统中 I/O 接口地址的分配情况十分重要。需掌握哪些地址已被系统所占用（已分配给了系统的某些设备接口），哪些地址是空闲的，可以为用户使用。通常，凡未被占用的地址，用户都可以使用。但要考虑系统今后的发展或扩充，对端口地址的占用要留有余地，以免发生 I/O 端口地址的冲突。

由图 6.3 和图 6.4 所示可以看出，尽管在理论上 8088 系统为用户提供了多达 64 K 个端口地址，但在实际应用中往往集中使用 $A_9 \sim A_0$ 地址总线所表示的从 0000H～03FFH 范围内的 1024 个端口地址。

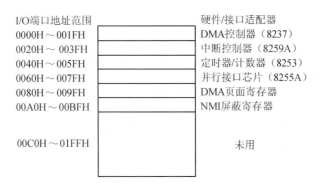

图 6.3　系统板 I/O 端口地址使用图

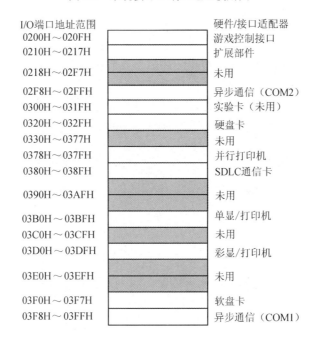

图 6.4　扩充插槽 I/O 端口地址使用图

　　例如，IBM-PC/XT 使用 10 位地址（A_9～A_0）作为 I/O 端口地址，即可用端口为 1 024 个。其中，低端 512 个（0000～01FFH）供系统板接口电路使用，如图 6.3 所示；高端 512 个（0200～03FFH）供扩充插槽使用，如图 6.4 所示。显然，当 10 位地址中的最高位 A_9＝0 时，表示低端地址，即为系统板上的接口电路所用；当 A_9＝1 时，表示高端地址，即为扩充插槽中的接口卡所用。所以，用户在设计新增加的 I/O 设备接口卡时，一定要使接口地址译码电路中的 A_9＝1。

　　由于不同的微型计算机系统，其端口地址分配可能不同，因此为了弄清具体的分配情况，可查阅机器的硬件手册或有关技术说明等资料。另外，使用某些测试工具软件进行检测时，也可显示出系统中一些常用 I/O 端口的地址，如并行打印端口（LPT1），异步串行通信端口（COM1、COM2）的端口地址等。

4．I/O 端口的地址译码

当执行 I/O 指令时，只能对选中的端口地址进行读写操作。具有唯一端口地址的 I/O 接口，如何知道 CPU 选中了自己，要和自己进行数据交换呢？这就是端口地址识别问题，或称为端口地址译码。当对送来的地址码进行译码，得出的就是自己的端口地址时，该接口电路便按设计的逻辑动作，完成预定的功能。因此任何一个接口电路卡的设计，都必须有端口地址译码部分。端口地址译码的方法有多种，可以灵活地进行设计使用。

端口地址译码电路的原理与存储器地址译码相同，在具体的表现形式上有些差异。输入端的信号也由两部分组成：一是地址总线的相关位（$A_9 \sim A_0$）；二是控制总线的相关控制信号（$\overline{IOR}$、$\overline{IOW}$）。

6.2 I/O 控制方式

I/O 控制方式是指主机与外围设备在交换信息之前，采用何种联络方式以保障信息能够正确、可靠地送达对方。

在微型计算机中，主机与外围设备之间的信息传送控制方式（I/O 控制方式）主要有 3 种，即程序控制方式、中断控制方式和直接存储器存取（DMA）方式。

6.2.1 程序控制方式

程序控制方式是指在程序控制下进行的信息传送方式。它又分为无条件传送和程序查询传送两种。

1．无条件传送方式

无条件传送方式是在假定外围设备已经准备好的情况下，直接利用输入指令（IN 指令）或输出指令（OUT 指令）与外围设备传送信息，而不去检测（查询）外围设备的工作状态。这种传送方式的优点是控制程序简单。但它必须在外围设备已准备好的情况下才能使用，否则传送就会出错。所以在实际应用中，无条件传送方式使用较少，只用于对一些简单外设的操作，如对可编程序接口芯片的初始化或访问其运行状态，以及对开关信号的输入，对 LED 显示器的输出等。

如图 6.5 所示，无条件输入传送接口电路共由两部分组成。左侧电路产生控制信号，有两个输入信号：一个是由端口地址译码器输出的选中本端口信号；另一个是来自控制总线的外部读信号。右侧是由 3 态门组成的数据通道，输入与外围设备相连，输出接到系统的数据总线上。当程序执行输入指令：

　　IN AL, PORT ；PORT 为端口地址

此时，外围设备的数据被送入累加器 AL 中，完成一次由外围设备到 CPU 的数据传送。

2．程序查询传送方式

程序查询传送方式也称条件传送方式。采用这种传送方式时，必须具有表示外围设备当前运行状态的硬件电路，并称之为状态端口，以便与 CPU 进行联络。如图 6.6 所示，条件输入传送接口电路与无条件输入传送接口电路相比较，在形式上多了一组输入端口，并且它的输出也与数据总线相连。但是经它所传出的"0"或"1"已经不是数值了，而是外围设

备的状态。这里需要特别指出，一般情况下，一台外围设备只需要 1 位（bit）来说明其状态。这 1 位（bit）与数据总线的哪一位相连，则决定了编程时应对该位进行测试。例如，设有一输入端口，由数据端口 POTR1 和状态端口 POTR2 组成，其中状态端口 POTR2 的输出与数据总线的末位相连。用"1"表示输入数据准备好，查询程序如下。

```
STATE: IN AL, POTR2        ; 输入状态信息
TEST AL, 01H               ; 测试"准备好"位
JZ   STATE                 ; 未准备好，继续查询
IN   AL, POTR1             ; 准备好，输入数据
```

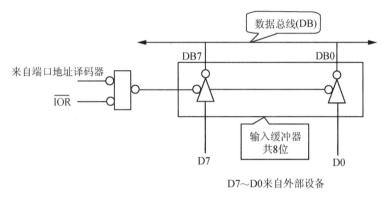

图 6.5　无条件输入传送接口电路

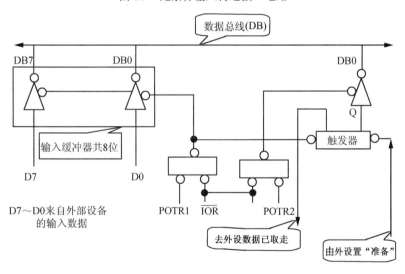

图 6.6　条件输入传送接口电路

上面所举例子是条件输入传送接口。对于条件输出传送接口，除数据传送方向相反（IOW）外，其他与条件输入传送接口相同。CPU 通过执行程序不断读取并检测外围设备的状态，只有在外围设备确实已经准备就绪的情况下，才进行信息传送，否则还要继续查询外围设备的状态。程序查询传送比无条件传送要准确和可靠。但在此种方式下，CPU 要不断地查询外围设备的状态，占用了大量的时间，但真正用于传送信息的时间却很少。例如，用查询方式实现从终端键盘输入字符信息的情况，由于输入字符的流量是非常不规则的，CPU 无法预测下一个字符何时到达，这就迫使 CPU 必须频繁地检测键盘输入端口是否有进入的字

符，否则就有可能造成字符的丢失。实际上，CPU 浪费在与字符输入无直接关系的查询中的时间占 90%以上。

对于程序查询传送方式来说，一个信息传送过程由 3 步完成。

① CPU 从接口中读取状态信息。

② CPU 检测状态字的对应位是否满足"就绪"条件，如果不满足，则回到前一步继续读取状态信息。

③ 如果状态字表明外设已处于"就绪"状态，则传送信息。

为此，接口电路中除了有数据端口外，还需有状态端口。对于输入过程来说，如果数据输入寄存器中已准备好新数据供 CPU 读取，则使状态端口中的"准备好"标志位置"1"；对于输出过程来说，外围设备取走一个数据后，接口就将状态端口中的对应标志位置"1"，表示数据输出寄存器已经处于"空"状态，可以从 CPU 接收下一个输出数据。

程序查询传送方式的程序流程图如图 6.7 和图 6.8 所示。

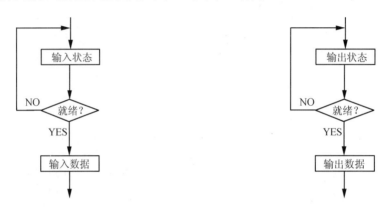

图 6.7　查询式输入程序流程图　　　　　图 6.8　查询式输出程序流程图

6.2.2　中断控制方式

上面介绍的程序查询方式，有两个明显的缺点。第一，CPU 的利用率低。因为 CPU 要不断地读取状态字和检测状态字。如果状态字表明外围设备未准备好，则 CPU 还要继续查询等待。这样的过程占用了 CPU 的大量时间，尤其与中速或低速的外围设备交换信息时，CPU 真正用于传送数据的时间极少，绝大部分时间都消耗在查询上。第二，不能满足实时控制系统对 I/O 处理的要求。因为在使用程序查询方式时，假设一个系统有多个外设，那么 CPU 只能轮流对每个外设进行查询。但这些外设的工作速度往往差别很大，这时 CPU 很难满足各个外设随机性地对 CPU 提出的输入/输出服务要求。

为了提高 CPU 的工作效率及对实时系统快速响应，产生了中断控制方式的信息交换。

1. 基本概念

在日常生活中广泛地存在着"中断"的例子。例如，一个人正在看书，这时电话铃响了，于是他将书放下去接电话。为了在接完电话后继续看书，他必须记下当时的页号，接完电话后，将书取回，从刚才被打断的位置继续往下阅读。由此可见，中断是一个过程。计算机是这样处理的，当有随机中断请求后，CPU 暂停执行现行程序，转去执行中断处理程序，为相应的随机事件服务，处理完毕后，CPU 恢复执行被暂停的现行程序。

在这个过程中，应注意如下几方面。

 注意

> a. 外部或内部的中断请求是随机的，若当前程序允许处理，应立即响应。
> b. 在内存中必须有处理该中断的处理程序。
> c. 系统怎样才能正确地由现行程序转去执行中断处理程序。
> d. 当中断处理程序执行完毕后怎样才能正确地返回。

现在再从另一方面分析，整个中断的处理过程就像子程序调用，但是本质的差异是调用的时间是随机的，调用的形式是不同的。因此，可以认为处理中断的过程是一种特殊的子程序调用，如图 6.9 和图 6.10 所示。

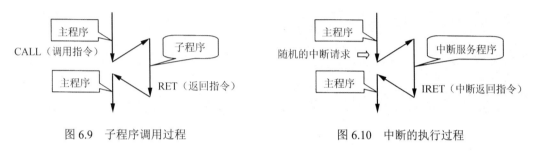

图 6.9　子程序调用过程　　　　　　图 6.10　中断的执行过程

中断有两个重要特征，即程序切换（控制权的转移）和随机性。

2．中断方式的典型应用

下面结合实例介绍中断方式的一些典型应用。

（1）管理 I/O 设备

采用中断方式管理 I/O 设备，使 CPU 能与 I/O 设备并行工作。最初的中断控制技术也是基于这一点提出的。例如，在键盘管理中，平时不需要浪费 CPU 的时间去查询键盘，仅当按下某键时才提出中断请求，然后 CPU 转入中断处理程序，接受按键编码。这种方式提高了 CPU 效率。

又如，采用中断方式管理打印机一类输出设备。主机准备好一批打印信息后启动打印，然后 CPU 继续执行其他程序。当打印机做好接收信息的准备后，向 CPU 发出中断请求。CPU 响应后，转去执行"打印机中断处理程序"，向打印机送出一批（如一行）打印信息，然后继续执行其主程序；打印机在打印完这一批信息后，再向 CPU 提出中断请求，如此重复，直到信息打印完毕。由于打印机打印一行字符的时间较长，而中断处理程序的执行时间却很短，一般为几十至几百纳秒，所以从宏观上看，主机与打印机可视为并行工作。

（2）处理突发故障

如掉电、存储器校验出错及运算溢出等故障，都是随机出现的，可预先安排在程序中某个位置上进行处理，且只能以中断方式处理，即事先编写好各种故障中断处理程序，一旦发生故障，立即转入这些处理程序。

例如，发生掉电时，电源检测电路发出掉电中断请求信号，CPU 利用电源短暂的维持时间进行一些紧急处理，如将重要的信息存入非易失性存储器中。若系统带有不间断电源（UPS），则可将内存信息存入磁盘，或在 UPS 支持下继续工作一段时间。又如，从存储器读出时发现奇偶校验出错、CRC 校验出错等，也将提出中断请求。以上几种情况属于硬件故障。

软件运行中也可能发生意外的故障。例如，定点运算中由于比例因子选取不当而出现溢出，除法运算中除数为 0，产生除 0 错中断；访问内存时地址超出允许范围，产生地址越界中断；程序中使用了非法指令等。以上情况一般称为软件故障。

（3）实时处理

实时处理是指在某个事件出现时应当及时地进行处理，不允许事后处理。例如，反导弹系统，对拦截导弹的控制就有"实时"要求，显然，这是不言而喻的。

（4）系统调度

在多道程序系统中，多道程序的切换往往由中断引发，例如，时间片结束引发时钟中断。又如，在虚拟存储器的实现中，由于缺页中断而引发对磁盘的调用。

（5）人机对话

系统的人机界面是一个需要重视的方面，应使操作者能方便地干预系统的运行，如通过键盘、鼠标等输入设备选择功能项，回答计算机的询问，了解系统运行情况与进度，输入临时命令等。这些是人机对话中人的操作，通常都以中断方式进行。

（6）多机通信

在多处理机系统和计算机网络中，平时各节点分别执行自己的程序。当一个节点需要与另一个节点通信时，一般都以中断方式向对方提出请求，而后者也以中断方式进行回答响应。

（7）指令中断

在 8088 指令系统中有两条指令，即 INT type 和 INTO。尤其是 INT type 指令，它利用中断处理方式为用户调用 DOS 操作系统功能提供十分便利的手段。

可见，中断方式不仅用于 I/O 设备的管理控制，还广泛地应用于各种带随机性质的事件处理上。

 注意

> DOS 是英文 Disk Operating System 的缩写，意思是"磁盘操作系统"。顾名思义，DOS 是一种面向磁盘的系统软件，是微型计算机的第一代操作系统。DOS 不是图形界面的操作系统，而是使用命令行界面的操作系统，运行程序的方法是在命令行中键入程序的名称，调用相应的功能。
>
> 有了 DOS，使用者就不必去深入了解机器的硬件结构，只需通过一些接近于自然语言的 DOS 命令，就可以轻松地完成绝大多数的日常操作。1981 年到 1995 年的 15 年间，DOS 操作系统在微型计算机市场中占有举足轻重的地位。其商业寿命至少延伸到了 2000 年。在微软公司的所有后续操作系统版本中，磁盘操作系统仍然被保留。

3. 中断源与中断向量

（1）中断源

引起中断的原因或来源称为中断源。例如，8088 CPU 允许有 256 个直接中断源。它们可来自 CPU 的内部或外部，分别称为内部中断（源）和外部中断（源）。此外，还有一类较特殊的中断源（软件运行中也可能发生意外的故障或指令中断），即软中断，它也是内部中断的一种。关于中断的分类，可参见图 6.11。

（2）非屏蔽中断与可屏蔽中断

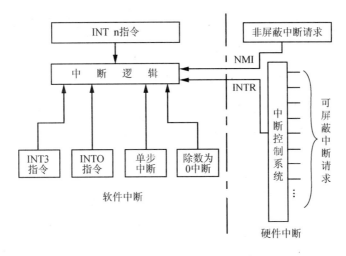

图 6.11　8088 系统的中断分类

在 CPU 内部往往有一个"中断允许标志位" IF，相应地将中断源分为两类：一类不受 IF 控制，称为非屏蔽中断，即只要有非屏蔽中断产生，CPU 可立即响应，与 IF 状态无关；另一类中断源受 IF 控制，称为可屏蔽中断。

若 IF＝1，则称为开中断状态，即 CPU 允许中断，此时若有可屏蔽中断产生，则 CPU 能够响应。若 IF＝0，则称为关中断状态，对于可屏蔽中断请求，CPU 不响应。

中断屏蔽功能可用来保证 CPU 在执行一些重要程序段时不被打断，从而确保其操作能在最短时间内正确地完成。

（3）中断向量

所谓向量，就是具有方向的量。该"方向"的起点是中断源，终点是与之对应的中断服务程序。可见引入中断向量的目的是，确定用什么样的方法能使 CPU 响应中断请求后及时、准确地转入并执行中断服务程序。由于中断源的数量多且种类杂，而且，中断服务程序在内存中的位置也不同，为此采用了事先将所有中断服务程序的入口地址（中断向量）存于表内的方法。对于 8088 系统，该表的位置固定在 00000H 至 003FFH 的地址中，共计 1 024 个存储单元，如图 6.12 所示。由于 8088 存储管理系统的特点，即段地址：段内偏移量，所以中断服务程序的入口地址必须用 4 字节表示。由此（1024/4＝256）说明了为什么 8088 系统最多可以处理 256 个中断源。接下来的问题是怎样查表，若中断请求被响应后，则由中断源提供一个表内偏移地址（也称为中断类型码或中断号），并从该地址中将所存内容分别送入 CS:IP，当 CPU 再取指令时，将是中断服务程序的第一条指令。也就是说 CPU 已进入了中断处理过程。

当然不同的计算机系统对中断的具体处理方法也不尽相同，有些系统支持多种处理方法，这里就不一一列举了。

（4）中断优先级和中断嵌套

当若干个中断源同时发出中断请求时，CPU 怎么办？肯定不会同时处理，那么处理的先后顺序如何确定（也就是如何确定中断的优先级）？由于 8088 系统采用了专用的可编程中断控制器 8259A，所以用户可以通过程序设置中断优先级。

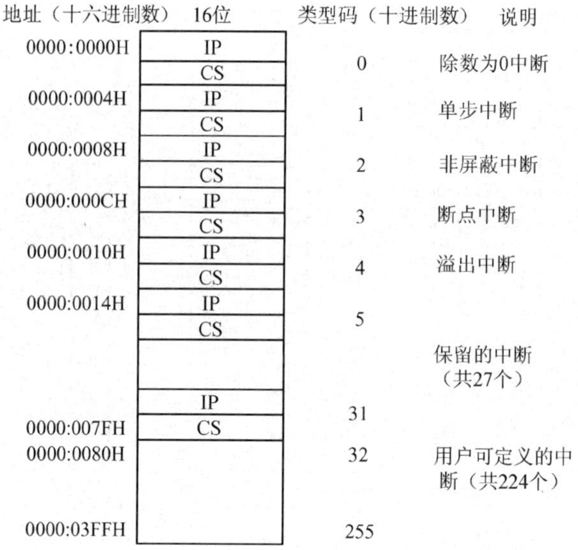

地址（十六进制数） 16位 类型码（十进制数） 说明
0000:0000H
IP
CS
0
除数为0中断
0000:0004H
IP
CS
1
单步中断
0000:0008H
IP
CS
2
非屏蔽中断
0000:000CH
IP
CS
3
断点中断
0000:0010H
IP
CS
4
溢出中断
0000:0014H
IP
CS
5
保留的中断（共27个）
IP
CS
31
0000:007FH
0000:0080H
32
用户可定义的中断（共224个）
0000:03FFH
255

图 6.12 8088 系统的中断向量表

当 CPU 正在执行优先级较低的中断服务程序时，允许响应比它优先级高的中断请求，而将正在处理的中断暂时挂起，这就是中断的嵌套。此时，CPU 优先为级别高的中断服务，待优先级高的中断服务结束后，再返回刚才被中断的较低的那一级，继续为它进行中断服务。

4．可编程序中断控制器 8259A

8259A 是一种可编程序中断控制器，能控制 8 级向量中断，通过级联方式最多可构成 64 级的向量中断系统。8259A 能判断一个中断请求输入信号是否有效，是否符合信号的电气规定，是否被屏蔽，并能进行优先级的判别。CPU 响应中断后，8259A 还能在中断响应周期内将被响应的中断的中断类型码传送给 CPU。

（1）8259A 的引脚功能

$\overline{CS}$ 1
$\overline{WR}$ 2
$\overline{RD}$ 3
D_7 4
D_6 5
D_5 6
D_4 7
D_3 8
D_2 9
D_1 10
D_0 11
CAS_0 12
CAS_1 13
GND 14
8259A
28 V_{CC} (+5V)
27 A_0
26 $\overline{INTA}$
25 IR_7
24 IR_6
23 IR_5
22 IR_4
21 IR_3
20 IR_2
19 IR_1
18 IR_0
17 INT
16 $\overline{SP}/\overline{EN}$
15 CAS_2

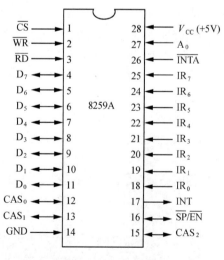

图 6.13 8259A 的引脚

8259A 的引脚如图 6.13 所示。下面将各引脚的功能做简单介绍。

① $\overline{CS}$ 片选信号。当 $\overline{CS}$ 有效时，CPU 可对该 8259A 进行读写操作。

② $\overline{WR}$ 写信号。当 $\overline{CS}$ 有效，且 $\overline{WR}$ 有效时，允许该 8259A 接收 CPU 送来的命令字。

③ $\overline{RD}$ 读信号。当 $\overline{CS}$ 有效，且 $\overline{RD}$ 有效时，允许该 8259A 将状态信息放入数据总线供 CPU 检测。

④ D_0～D_7，双向数据总线。用来传送控制、状态和中断类型号。

⑤ IR_0～IR_7，外部中断请求信号。

⑥ INT 中断请求信号。当 IR_0～IR_7 中任一个引脚有中断请求时，INT 有效。该 8259A 用它来向 CPU 发出中断请求信号。

⑦ $\overline{\text{INTA}}$ 中断响应信号。CPU 由此发出中断响应脉冲。

⑧ A_0 地址输入信号。同 $\overline{\text{CS}}$、$\overline{\text{WR}}$ 和 $\overline{\text{RD}}$ 一起选择 8259A 的内部寄存器。

⑨ $CAS_2 \sim CAS_0$ 级联信号。双向引脚，用来控制多片 8259A 的级联使用。对主片来说，$CAS_0 \sim CAS_2$ 为输出；对从片来说，$CAS_2 \sim CAS_0$ 为输入。

⑩ $\overline{\text{SP}}/\overline{\text{EN}}$ 从片/允许缓冲器信号。这是一个双功能的引脚。当 8259A 处于缓冲方式时，8259A 通过总线收发器和数据总线相连，此时该引脚作为输出，用于总线收发器的使能信号；当 8259A 处于非缓冲方式时，该引脚作为输入。$\overline{\text{SP}} = 1$ 表示该 8259A 是主片，$\overline{\text{SP}} = 0$ 表示该 8259A 是从片。

（2）8259A 的内部逻辑结构

8259A 的内部逻辑结构如图 6.14 所示。下面介绍它的各个组成部分。

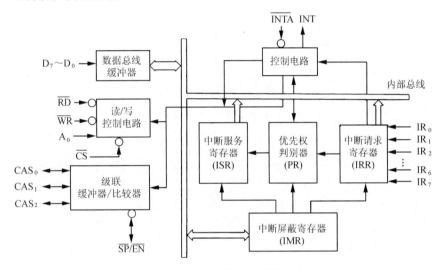

图 6.14　8259A 的内部逻辑结构

① 数据总线缓冲器。这是一个双向 8 位 3 态缓冲器，由它构成 8259A 与 CPU 之间的数据接口，是 8259A 与 CPU 交换数据的必经之路。

② 读/写控制电路，用来接收来自 CPU 的读/写控制命令和片选控制信号。由于一片 8259A 只占两个 I/O 端口地址，因此可用末位地址码 A_0 来选择端口。端口的其他高位地址的译码输出作为片选信号 $\overline{\text{CS}}$ 输入。当 CPU 执行 OUT 指令时，$\overline{\text{WR}}$ 信号与 A_0 配合，将 CPU 通过数据总线 $D_7 \sim D_0$ 送来的控制字写入 8259A 中有关的控制寄存器内。当 CPU 执行 IN 指令时，$\overline{\text{RD}}$ 信号与 A_0 配合，将 8259A 中内部寄存器的内容通过数据总线 $D_7 \sim D_0$ 传送给 CPU。

③ 级联缓冲器/比较器。一片 8259A 只能接收分别从 $IR_7 \sim IR_0$ 输入的 8 级中断。当需要引入的中断超过 8 级时，可用多片 8259A 级联使用。此时一片 8259A 做主片，$1 \sim 8$ 片 8259A 做从片。级联使用时，主片和从片的 $CAS_2 \sim CAS_0$ 并接在一起。

④ 中断请求寄存器（IRR）。IRR 是 8 位寄存器，它的 $7 \sim 0$ 位分别对应于 $IR_7 \sim IR_0$。当某一个或几个 IR_i 输入端有中断信号传来时，IRR 就将相应的位置成"1"。

⑤ 中断服务寄存器（ISR）。这也是一个 8 位寄存器，用来记录当前正在处理的中断请求。当 CPU 当前正在处理从 IR_i 传来的中断请求时，ISR 就将第 i 位置"1"。由于可能产生多重中断，因此 ISR 中可能有多位为 1。

⑥ 中断屏蔽寄存器（IMR）。IMR 是一个 8 位寄存器，它对 IRR 起屏蔽作用。当 IMR

中的 i 位为 1 时，禁止 IR_i 传来的中断请求进入系统，从而屏蔽了 IR_i 传来的这一级中断。

⑦ 优先权判别器（PR）。当多个中断请求信号同时从 $IR_7 \sim IR_0$ 输入时，由 PR 来判别当前优先级最高的中断请求，并让系统首先响应它。

⑧ 控制电路。控制电路用来控制整个芯片内部各部件之间协调一致地工作。

（3）8259A 的应用

如图 6.15 所示，8259A 可管理 8 路中断请求 $IR_7 \sim IR_0$。CPU 在初始化程序中通过数据线送入 8 位屏蔽字与中断类型码。CPU 送来的是中断类型码的高 5 位 $T_7 \sim T_3$，为 8 路请求共用。以后，8259A 将被批准的请求号自动填入低 3 位 $T_2 \sim T_0$，从而拼成 8 位类型码。例如，初始化 8259A 时，CPU 送来高 5 位 00010，如果 IR_3 被批准，则 8259A 将形成对应于 IR_3 的中断类型码 00010011B。

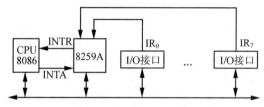

图 6.15　采用 8259A 中断控制器的系统

当 8259A 接到中断请求时，其中断请求寄存器（IRR）将记录下这些请求。IRR 内容与中断屏蔽寄存器（IMR）内容一起被送入优先权判别寄存器（PR），将判断优先权的结果送入中断服务寄存器（ISR），并向 CPU 发出中断请求信号（INTR）。当 CPU 发出中断响应信号（INTA）后，8259A 通过数据总线向 CPU 送出相应的中断类型码。

当中断源超过 8 个时，可将多片 8259A 级联使用，最多可扩展为 64 级中断。8259A 的 $CAS_2 \sim CAS_0$ 和 $\overline{SP}$ 信号可用于级联控制。如图 6.16 所示为一个主片带两个从片的 22 路中断控制器示意图，两个从片分别将它们的 INT 输出送往主片的 IR_0 和 IR_7 上。

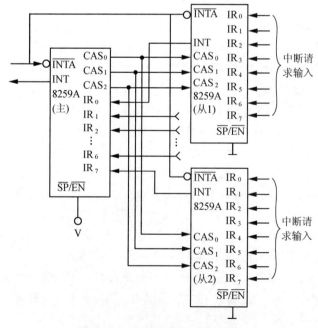

图 6.16　8259A 级联方式的连接

　　若系统采用 8259A 中断控制器，则在使用之前必须进行初始化，并应当注意两点：一是建立中断向量表，并将相应的中断服务程序装入内存；二是对所有的 8259A 进行初始化。这些是中断系统正常工作的前提。

　　上述两种控制方式尽管所采用的联络方式不同，但是有一个共同的特点，即均要执行一段程序才完成信息交换。另外，由于 CPU 中的寄存器数量有限，不可能将要交换的信息全部置于其中，这两种控制方式仅适合少量信息交换的场合。从系统的管理角度讲，主机与外围设备所交换的信息均存于存储器中。基于此，人们提出了建立一个外围设备直接与主存储器交换信息的桥梁，这就是下面要讨论的直接存储器存取（DMA）方式。

6.2.3　直接存储器存取方式

　　直接存储器存取方式（DMA）是为了在主存储器与 I/O 设备间进行高速交换批量数据而设置的。它的基本思路是通过硬件控制，实现主存与 I/O 设备间的直接数据传送，在传送过程中无须 CPU 程序干预。

　　在不同的计算机系统中，DMA 功能可能有所不同。最简单的系统仅能实现 I/O 口与主存之间的数据传送；较复杂的还可实现 I/O 与 I/O 之间、主存单元与主存单元之间的数据传送；有的还能在传送时附加一些简单运算，如加 1、减 1 及移位等。

1. 硬件结构

　　由于 DMA 方式是为了在主存储器与 I/O 设备间进行高速交换批量数据的，实现的前提是 CPU 暂停与外部设备（存储器或其他 I/O 设备）间的工作，目的是交出总线控制权（这也是为什么数据总线、地址总线和部分控制总线有高阻状态的原因之一），以便 DMA 控制器使用总线完成存储器与 I/O 设备间的数据传送。所以 DMA 控制器是必需的，它的作用是提供存储器地址、读/写控制信号等，当然也为外部设备提供必要的控制信号，如图 6.17 所示。图 6.17 中虚线表示处于高阻状态。

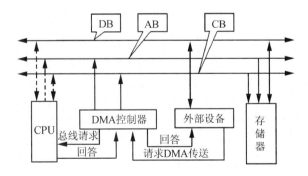

图 6.17　实现 DMA 方式结构示意图

2. 简单的工作流程

下面结合图 6.17，说明实现 DMA 方式的简单的工作流程。

① 外部设备向 DMA 控制器发出 DMA 传送请求。

② DMA 控制器向 CPU 发出使用总线请求。

③ CPU 若允许，则回答 DMA 控制器可以使用总线。

④ DMA 控制器接管系统总线。

⑤ DMA 控制器向外部设备回送一个回答（允许交换数据）。

⑥ 外部设备与存储器交换数据。

⑦ DMA 控制器撤销总线请求，CPU 收回总线控制权。

由于每次 DMA 传送的工作很简单，如从主存中读取一个字送到 I/O 口，或从 I/O 口读一个字送入主存，所以一次 DMA 传送过程是很快的，一般只占用一个或几个 CPU 存储器读写周期，即完成一次 DMA 操作。这种方式又被称为"周期窃取方式"。因此 DMA 方式适用于高速数据传送。

由于 DMA 方式主要依靠硬件直接实现数据传送，它不执行程序，不能处理较复杂的事件，因此 DMA 方式并不能完全取代中断方式。如果某种事件处理已不是单纯的数据传送，则必须采用中断方式。事实上，在以 DMA 方式传送完一批数据后，往往采用中断方式通知 CPU 进行结束处理。

在 8086 等 CPU 中采用了"指令预取"等缓冲技术，在目前使用的大多数微型计算机的 CPU 中更采用了片内 Cache 技术，只要 CPU 内的指令预取队列或 Cache 中有可供执行的指令，它仍能继续工作，仅当需要进行内部访问或外部访问时才会暂停，因而 CPU 工作与 DMA 传送间具有更高的并行度。

6.3　串行通信

在数据通信与计算机领域中，有两种基本的数据传送方式，即串行数据传送方式与并行数据传送方式，也称串行通信与并行通信。

数据在单条一位宽的传输线上按时间先后一位一位地传送，称为串行数据传送方式，常用于远距离传送。数据在多条并行传输线上每位同时传送的方式，称为并行传送方式，多用于近距离传送。

在介绍串行通信之前，回顾一下通信的发展史对学习会有益处。现代计算机的串行通信（如使用电话线路上网）与传统的发电报用电传机有着根深蒂固的联系，就如同汽车设计与马车（西方的四轮）构造的联系一样紧密。

早在 1790 年，欧洲就开始了远距离电子通信的试验。完全串行二进制数据系统的第一次实践——代码与硬件的试验是由 Samrel F. B. Morse 创立的。由此发明了一种具有划时代意义的 Morse 代码（摩尔斯码），这是一种不定长代码。定长代码是法国人 Emile Baudot 在 1874 年发明的，也即国际电报（CCITT）1 号字母表，其代码长度为 5 位二进制数，有时称为 BAUDOT 码。后来又出现了其他代码，目前常用的是 ASCII 码，其长度有 7 位和 8 位二进制数两种。从 19 世纪 40 年代到 20 世纪 30 年代，电磁技术广泛用于通信，即电报的发明和电话的出现开始了近代电信事业，为迅速传递信息提供了基础。

由此可见，通信技术先于计算机技术，所以在计算机串行通信中大量地使用了通信技术的名词术语和基础知识。

6.3.1　串行通信基本概念

在领会串行通信形式的内涵时可以参照日常生活中的许多例子。例如登山缆车，在等候缆车时，一群登山者（数据位）并行地站立着（字节），而一旦坐入吊篮里，他们将被一个接一个地（串行地）输送（发送），最后，在山顶上，他们将走出吊篮（被接收），并且又开始成群结队（字节）。通信的传输方式如图 6.18 所示。

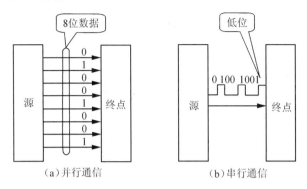

图 6.18　通信的传输方式

在如图 6.18（a）所示的并行通信方式中，一个字节（8 位）数据在 8 条并行传输线上同时由源点传到终点；而在图 6.18（b）所示的串行通信方式中，数据在单条 1 位宽的传输线上一位接一位地顺序传送。这样，一个字节的数据要通过同一条传输线分 8 次由低位到高位按顺序传送。可见，在并行通信中，传送的数据宽度有多少位就需要有同样数量的传输线，而串行通信只需要一条传输线。所以与并行通信相比较，串行通信的一个突出特点就是节省传输线，尤其在远距离的数据传输时，这个优点就更为明显。但与并行传送相比，串行传送的数据传输速率较低，这是串行传送方式的主要缺点。

1．串行通信涉及的常用术语和基本概念

（1）单工、半双工和全双工

这是数据通信中用来表示 3 种不同数据通路特征的专用术语。它们各自的具体情况如图 6.19 所示。

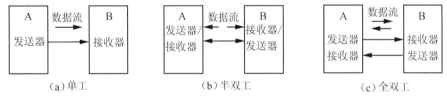

图 6.19　单工、半双工和全双工数据通路

① 单工（Simplex），它仅能进行一个方向的数据传送，即从设备 A 到设备 B。因此，在单工数据通路中，A 只能作为发送器，B 只能作为接收器。

② 半双工（Half Duplex），它能在设备 A 和设备 B 之间交替地进行双向数据传送。具体地说，数据可以从设备 A 传送到设备 B，也可以从设备 B 传送到设备 A，但这种传送绝不能同时进行。可简单地概括为"双向，但不同时"。某一时刻，A 作为发送器，B 作为接收器，数据由 A 流向 B；而在另一时刻，B 作为发送器，A 作为接收器，数据由 B 流向 A。

③ 全双工（Full Duplex），它能够在两个方向同时进行数据传送。具体地说，在设备 A 向设备 B 发送数据的同时，设备 B 也向设备 A 发送数据。显然，为了实现全双工通信，设备 A 和设备 B 必须有独立的发送器和接收器，从 A 到 B 的数据通路必须完全与从 B 到 A 的数据通路分开。这样，在同一时刻当 A 向 B 发送，B 也向 A 发送时，实际上是在使用两个

逻辑上完全独立的单工数据通路。

（2）数据传输速率

数据传输速率即通信中每秒传输的二进制数位数（比特数），也称比特率，单位为 b/s（bit per second）。另外，在数据通信领域还有另外一个描述数据传输速率的常用术语——波特率，即每秒传输的波特数。每秒传送 1 个符号称传输速率为 1 波特率。若每个符号所含信息量为 1 位（bit），则波特率等于比特率；若每个符号所含信息量不等于 1 位(bit)，则波特率不等于比特率。

在计算机中，一个"符号"的含义为高、低两种电平，它们分别代表逻辑值"1"和"0"，所以每个符号所含信息量刚好等于 1 比特。于是就造成了波特率与每秒传输二进制数位数这两者的吻合。因此，在计算机数据传输中人们常将比特率称为波特率，但在其他一些场合的具体情况下，这两者的含义是不相同的，使用时需注意它们之间的区别。

波特率是完成各种数字设备间串行通信的基础条件之一，为此国际上规定了一个标准波特率系列，即 50、75、110、150、300、600、1200、1800、2400、4800、9600、19200 等。实际应用时由于使用的编程软件和硬件电路的不同，在实现的形式上会有一定的差异，但设置波特率的环节是必不可少的。

由此可见，在设计一个串行通信系统时，发送和接收双方的波特率必须一致，这是串行通信协议中的重要内容之一。

（3）发送时钟和接收时钟

在串行通信中，发送器需要用一定频率的时钟信号来决定发送的每一位数据所占用的时间长度。接收器也需要用一定频率的时钟信号来检测每一位输入数据。发送器使用的时钟信号称为发送时钟，接收器使用的时钟信号称为接收时钟。也就是说，串行通信所传送的二进制数据序列在发送时以发送时钟作为数据位的划分界限，在接收时以接收时钟作为数据位的检测和采样定时。

串行数据的发送由发送时钟控制。数据的发送过程是：首先把系统中要发送的并行数据系列（如 1 字节的 8 位数据）送入发送器中的移位寄存器，然后在发送时钟的控制之下，把移位寄存器中的数据串行逐位移出到串行输出线上。每个数据位的时间间隔由发送时钟周期来划分。

串行数据的接收由接收时钟对串行数据输入线进行采样定时。数据的接收过程是：在接收时钟的每一个时钟周期内采样一个数据位，并将其移入接收器中的移位寄存器，最后组合成并行数据系列，存入系统存储器中。

（4）波特率因子

由上面的介绍可知，若用发送（或接收）时钟直接作为移位寄存器的移位脉冲，则串行线上的数据传输速率（波特率）在数值上等于时钟频率；但若把发送（或接收）时钟按一定的分频系数分频之后再用来作为移位寄存器的移位脉冲，则此时串行线上的数据传输速率数值不等于时钟频率，且两者之间存在着一定的比例关系这个比例系数被称为波特率因子或波特率系数。假定发送（或接收）时钟频率为 F，则 F、波特率因子和波特率三者之间在数值上存在如下关系：

$$F = 波特率因子 \times 波特率$$

假定发送和接收时钟频率相等且为 F，例如，当 $F=9\,600\,Hz$ 时，若波特率因子为 16，则波特率为 $600\,b/s$；若波特率因子为 32，则波特率为 $300\,b/s$。也就是说，当发送（或接收）

的时钟频率一定时，通过选择不同的波特率因子，即可得到不同的波特率。

若发送和接收时钟频率不等，设发送时钟频率为 F_1，接收时钟频率为 F_2，且发送和接收双方的波特率必须一致，为了能保障正确地传递信息，只有改变双方的波特率因子或调整时钟频率。其结果必须满足：

$$发送的波特率 \equiv 接收的波特率$$

（5）异步方式与同步方式

在数据通信中，还有一个十分重要的问题——同步问题，也称传输数据信息方式问题。

我们知道，为使发、收信息准确，发、收两端的动作必须相互协调配合。倘若两端互不联系和协调，则无论怎样提高发送和接收动作的时间精确度，它们之间也会有极微量的误差。随着时间的增加，就会有积累误差，最终会产生失步。发、收动作一旦失步，就不能正确传输信息，结果产生差错。因此，整个计算机通信系统能否正确工作，在很大程度上取决于是否能很好地实现同步。为避免失步，需要有使发送和接收动作相互协调配合的措施。我们将这种协调发送和接收之间动作的措施称为"同步"。数据传输的同步方式有以下两种。

① 异步方式。异步方式又称起止同步方式。这是在计算机通信中最常用的一种数据信息传输方式。串行异步传送的数据格式如图 6.20 所示。

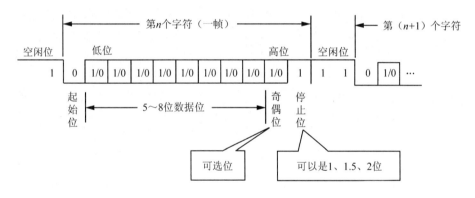

图 6.20 串行异步传送的数据格式

它用一个起始位表示字符的开始，用停止位表示字符的结束，从而构成一帧。起始位占用一位，且恒为"0"。字符编码为 n 位（n 为所采用编码的长度）；第 $n+1$ 位为奇偶校验位，加上这一位使字符中为"1"的位数为奇数（或偶数）；停止位（恒为"1"）可以是 1 位、1.5 或 2 位。若采用 7 位 ASCII 码，则一个字符由 10、10.5 位或 11 位构成。

用这样的方式表示字符，字符可以一个挨着一个地传送。

在异步数据传送中，在发送与接收双方的 CPU 与外设之间必须有两项规定（协议）。

a. 字符格式的规定，即前述的字符的编码形式，是否使用校验，若使用，则应确定奇偶校验形式，以及起始位和停止位长度的规定。例如，用 ASCII 编码，字符为 7 位，加一个奇偶校验位、一个起始位和一个停止位共 10 位。

b. 波特率，即数据传输速率的规定。对于 CPU，与外界的通信是很重要的，假如数据传输速率是 120 字符每秒，而每一个字符都按如上规定包含 10 个数据位，则传输的波特率为：

$$10 \times 120 = 1\,200\text{b/s} = 1\,200\text{ 波特率}$$

② 同步传送。在异步传送中，每个字符都要用起始位和停止位作为字符开始和结束的标

志，占用了时间。所以，在数据块传送时，为了提高速度，就去掉这些标志，采用同步传送，于是在数据块开始处就要用同步字符来指示，如图 6.21 所示。

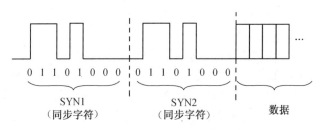

$$01101000 \quad 01101000$$

SYN1　　　　　SYN2
（同步字符）　（同步字符）　　数据

图 6.21　串行同步传送的数据格式

同步传送的速率高于异步传送，通常为几十至几百千波特（kilobaud）。但它要求由时钟来实现发送端与接收端之间的同步，因而硬件复杂。

6.3.2　串行通信接口标准

目前大多数微型机串行通信接口均采用 EIA RS-232 标准。串行通信接口的正式名称为：在数据终端设备和数据通信设备之间进行串行二进制数据交换的接口（Interface Between Data Terminal Equipment and Data Communication Equipment Employing Serial Binary Data Interchange）。这里可以将数据终端设备（DTE, Data Terminal Equipment）和数据通信设备（DCE，Data Communication Equipment）分别看做"计算机设备"和"调制解调器"，它们都被广泛使用且意义明确。基于这些原因，会经常使用这些术语。

EIA 文件最重要的词汇是"串行交换"和"接口"，该文件描绘了在现实世界中的调制解调器如何完成串行 I/O。术语"接口"的定义不是特别笼统的工程概念，实际上该文件用 3 个独立方面来描述 DTE/DCE 的链接，即接口电路的功能描述、电信号特性和接口电路（包括连接器）的机械描述。

1．接口电路的功能描述

RS-232 功能直接分成数据功能和控制功能。数据功能十分简单，就是引脚 2 的发送器和引脚 3 的接收器，只有这两个引脚通过数据流，其余全部功能都是控制功能，所以其名称就是控制调制解调器行为所具有的状态名或命令名。具体详见表 6.1 RS-232 电路引脚表中的说明栏。

从表 6.1 并不能直观地看出 RS-232 接口的两边是逻辑互补的，即在一边上的输出到另一边就成为输入。记住，这些功能的名称是从 DTE 的观点来说明的，以便帮你弄清这些难懂的术语的含义。例如，名称"发送数据"明显表示为一个输出，然而发送数据（TD，引脚 2）仅对 DTE 来说是输出，而对 DCE 而言则为输入。为了便于说明这个问题，表 6.1 给出了信号的流动方向。

在表 6.1 中分别给出了两种连接器，即 EIA/TIA-232-E（25 个引脚），EIA/TIA-574（9 个引脚）。

表 6.1 RS-232 电路引脚表

25 引 脚	9 引 脚	信 息 方 向	助 记 符	说 明
1	*	*	n/a	保护地
2	3	To DCE	TD	发送数据
3	2	To DTE	RD	接收数据
4	7	To DCE	RTS/RTR	请求发送/准备接收
5	8	To DTE	CTS	清除发送
6	6	To DTE	DSR	数据设备就绪
7	5	*	*	信号地或 Common
8	1	To DTE	DCD	数据载波检测
9	*	*	*	保留用于测试
10	*	*	*	保留用于测试
11	*	*	*	保留用于测试
12	*	To DTE	*	反向信道信号检测
13	*	To DTE	*	反向信道清除发送
14	*	To DCE	*	反向信道发送数据
15	*	To DTE	*	发送信号元素定时
16	*	To DTE	*	反向信道接收数据
17	*	To DTE	*	接收信号元素定时
18	*	To DCE	*	局部回转
19	*	To DCE	*	反向信道请求发送
20	4	To DCE	DTR	数据终端就绪
21	*	To DCE	*	远程回传/信号质量检测
22	9	To DTE	RI	振铃指示
23	*	Either	DRI	数据信号速率检测
24	*	To DCE	*	发送信号元素定时
25	*	To DTE	*	测试模式

2. 电信号特性

（1）速率和功率

RS-232 标准允许数据传输速率在 0～20 000 b/s 之间变化。在大多数设置中，数据传输速率限定在 19 200 b/s 内。在此数据传输速率下电缆的长度不应超过 15 m，除非电缆总分布电容小于 2 500 pF 才可延长电缆线。EIA 的速率限制也可以说是一种警告。事实上大多数微型计算机上的接口都由通用可编程序同步和异步接口片 USART（Universal Synchronous Asynchronous Receiver/Transmitter）驱动，USART 的速率能达到 100 000 b/s 左右。由此可见，数据传输速率的上限取决于电缆长度，与集成电路的频率特性无关。

接口必须在任何时候在它的任意两个引脚发生短路时都不使设备受到损坏。在这种情况下，要求电源电流不得超过 0.5 A。这些特性有力地保证了接口的安全，更重要的是它能承受电缆连接时产生的失误。尽管接口不会受到其自身短路而造成与其他 RS-232 连接的破坏，但接口在与电流和电压值不明的设备相连时很容易造成损坏。

（2）逻辑电平

RS-232 标准指明了双极性逻辑电平，即逻辑电平由电压幅值和极性共同描述。任何电路允许的电源电压峰值为 ±15V。

　　RS-232 标准实际上定义了 4 种逻辑电平。输入与输出电平的定义不同，其数据功能，即发送数据（引脚 2）和接收数据（引脚 3）与控制功能也不同，图 6.22 所示为 RS-232 输入/输出的逻辑电平的定义。输入的两个逻辑电平区间在 +5～+15V 和 −5～−15V 之间，而 +5～−5V 之间的电压未定义。输出的两个逻辑电平的区间在 +3～+15V 和 −3～−15V 之间，其中从 +3～−3V 之间的值未定义。输入与输出的不同逻辑电压已考虑了噪声容限，也就意味着接口能允许有 2V 的噪声（峰值），或在 DTE 和 DCE 之间允许有 −2V 电压降。

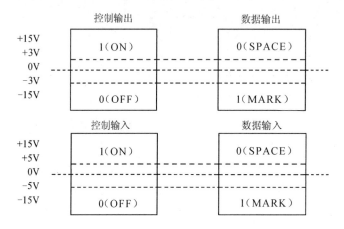

图 6.22　RS-232 输入/输出的逻辑电平的定义

（3）RS-232 电平转换

　　因为 RS-232 电压和逻辑电平通常不用于计算机电路，所以需要电平转换。完成这个功能的专门集成电路称为"EIA（RS-232）线路驱动器"及"线路接收器"。基于这些设备的通常是倒相器。为保证系统的逻辑正确，异步 I/O 控制电路（UART）除了发送和接收数据端（由于在发送和接收数据的过程中经历了两次倒相）外的其他控制的输入和输出均应倒相，如图 6.23 所示。

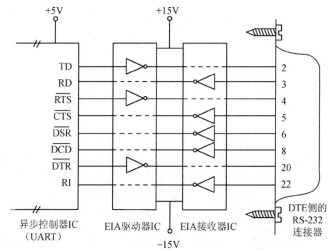

图 6.23　典型 RS-232 逻辑电平转换硬件

3. 接口电路（包括连接器）的机械描述

收进 RS-232 标准再版 D 中的标准连接器，是一直就有的 DB-25，有时也称为 RS-232 连接器。RS-232 标准指定了接到 DCE 的连接器为母的（插座），接到 DTE 的连接器为公的（插头）。EIA/TIA 232-E 型 25 针连接器（DB-25）引脚图如图 6.24 所示。它给出了有关连接器应放置何处的几个指导准则。尽管 DB-25 很可能保留了外置大型调制解调器上的标准，但当缩小尺寸已成为一项重要设计原则时，那么大型外置调制解调器的体积就显得不合实际了。

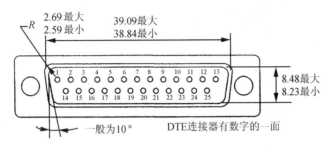

图 6.24　EIA/TIA 232-E 型 25 针连接器（DB-25）引脚图

IBM-PC AT 已向使用 9 针连接器（DB-9）过渡，这种连接器如图 6.25 所示，采用的是由 EIA/TIA 574 制定的标准。EIA/TIA 561 甚至制定了更小的连接器（RJ-45）标准，如图 6.26 所示。这两个标准都在逻辑和电气上与 RS-232 兼容，EIA/TIA 56l 标准甚至还明确允许传输速率达到 38 400 b/s。

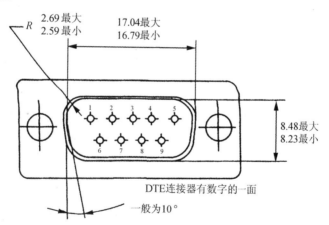

图 6.25　EIA/TIA 574 型 9 针连接器（DB-9）引脚图

图 6.26　EIA/TIA 561 型 8 针连接器（RJ-45）实物图

6.3.3　通用串行总线（USB）

1.　什么是 USB

USB 是英文 Universal Serial Bus 的缩写，中文含义是"通用串行总线"。它是一种应用在微型计算机领域的新型接口技术。近年来，随着微软在 Windows 2000 及 Windows XP 中内置了对 USB 接口的支持模块，具有 USB 接口的设备增多，USB 接口已经被广泛地使用，USB 成为了微型计算机的标准接口。

USB 设备之所以会被大量应用，主要是因为它具有以下优点。

① 速度快。USB 1.0 接口支持的数据传输速率最高为 12Mb/s，USB 2.0 接口支持的数据传输速率高达 400Mb/s。

② 可以热插拔。这就让用户在使用外接设备时，不需要重复"关机→将并口或串口电缆接上→再开机"这样的动作，而是直接在微型计算机工作时，就可以将设备的 USB 电缆插上使用。

③ 无须外接电源。USB 提供内置电源，能向接入设备提供 5V（500mA）的直流电源，使得接入设备不用另外配备专门的电源。

④ 标准统一。在 USB 接口出现之前，大家常见的是 IDE 接口的硬盘、串口的鼠标键盘、并口的打印机扫描仪，可是有了 USB 之后，这些应用外设统统可以用同样的标准与微型计算机连接，这时就有了 USB 硬盘、USB 鼠标、USB 打印机等。

⑤ 扩充能力强。USB 支持多设备连接，减少了微型计算机的 I/O 口数量，避免微型计算机插槽数量对扩充外设的限制，解决了配置系统资源的问题。使用设备插架技术最多可扩充 127 个外围设备。

2.　物理接口

（1）电气特性

USB 总线中的传输介质由一根 4 线的电缆组成，如图 6.27 所示，其中两条用于提供设备工作所需的电源；另外两条用于传输数据。信号线的特性阻抗为 90Ω，而信号是利用差模方式送入信号线的。利用这种差模传输方式，接收端的灵敏度不低于 200mV。

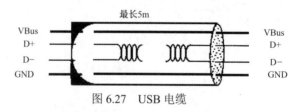

图 6.27　USB 电缆

（2）机械特性

每个 USB 设备都有"上行"（A 系列）和"下行"（B 系列）连接端口，这两种端口在机械方面并不是可以互换的，以便消除非法连接。一条电缆拥有 4 根导线：一对具有 28AWG 规格的双绞信号线（数据线），一对在允许的规格范围内的非双绞线（电源线对）。为了便于区分，这 4 根导线分别选用不同的颜色，其中电源 VBus 为红色（1 脚），电源地 GND 为黑色（4 脚），D＋数据线为绿色（3 脚），D－数据线为白色（2 脚）。每个连接器都具有 4 个引脚和屏蔽的外壳，并且具有规定的坚固性和易于插拔的特性。两种常见的 USB 连接器如图 6.28 所示。

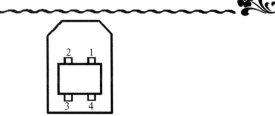

图 6.28 两种常见的 USB 连接器

（3）USB 接口

为了便于说明 USB 接口的逻辑功能，给出图 6.29 所示 USB 接口示意图。对图中的信号做如下说明。

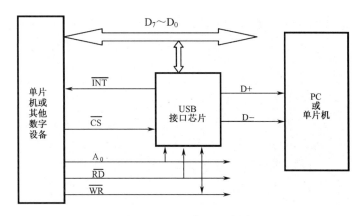

图 6.29 USB 接口示意图

> D+双向三态，USB 总线的 D+数据线，内置可控上拉电阻。

> D-双向三态，USB 总线的 D-数据线。

> D7 ~ D0 双向三态，8 位双向数据总线，内置上拉电阻。

> A0 输入，地址线输入，内置上拉电阻，用于区分命令口与数据口，当 A0 = 1 时可写命令，A0 = 0 时可读写数据。

> $\overline{RD}$ 输入，读选通，低电平有效，内置上拉电阻。

> $\overline{WR}$ 输入，写选通，低电平有效，内置上拉电阻。

> $\overline{CS}$ 输入，片选控制，低电平有效，内置上拉电阻。

> $\overline{INT}$ 输出，中断请求输出，低电平有效。

6.4 可编程序串行通信接口电路

6.4.1 概述

随着大规模集成电路技术的发展，多种通用的可编程序同步和异步接口片（USART，Universal Synchronous Asynchronous Receiver/Transmitter）被推出。典型的芯片有 National 的 8250/16450，Motorola 的 ACIA，Intel 的 8251A 和 Zilog 的 Z80SIO 等。虽然它们有各自的特点，但就其基本功能结构来说是类似的。

1. 结构

这类接口片通常均包括接收和发送两部分。

（1）接收部分

在异步方式工作时，接收部分能把接收到的数据去掉起始位和停止位，检查有无奇偶错，然后经过移位寄存器变为并行格式后，送至接收缓冲寄存器，以便 CPU 用输入指令（IN 指令）取走；在同步方式工作时，能够自动识别同步字符。

（2）发送部分

发送部分能接收与暂存由 CPU 并行输出的数据。在异步方式工作时，通过移位寄存器变为串行数据格式并添加上起始位、奇偶校验位及停止位，由一条数据线发送出去；在同步方式工作时，能自动插入同步字符。

除此之外，这类接口片还必须有控制与状态部分。通过它们一方面可以实现片内控制以及向外设发出控制信号的功能，另一方面还能提供接口的工作状态以供 CPU 检测。

2. 初始化

接口片的功能可以通过程序预先给予选择和确定，即接口片的初始化。因此，使用者必须对接口片的功能、原理，尤其对控制机制（多数反映在控制寄存器的内容之中）有清楚的了解，由此才能编制出正确可行的初始化程序。这是微型计算机接口技术实际应用的基本功。

对于串行接口片，初始化程序通常要涉及如下几方面的问题。

➢ 是同步方式还是异步方式。
➢ 字符格式。
➢ 时钟脉冲频率与波特率的比例系数。
➢ 有关命令位的确定。

6.4.2　8251A 可编程序串行通信接口

下面以 Intel 8251A 为例，具体介绍实际的可编程序串行通信接口芯片的功能及使用方法。

1. 8251A 的基本功能和特性

① 可用于同步和异步传送。

② 同步传送：5～8 位/字符；内部或外部同步；可自动插入同步字符。

③ 异步传送：5～8 位/字符；时钟速率为波特率的 1、16 或 64 倍；可产生中止字符（Break Character）；可产生 1、1.5 或 2 位的停止位；可检测假起始位；自动检测和处理中止字符。

④ 波特率：0～64Kb/s（同步）；0～19.2 Kb/s（异步）。

⑤ 全双工，双缓冲器发送和接收。

⑥ 出错检测：具有奇偶、溢出和帧错等检测电路。

⑦ 全部输入/输出与 TTL 电平兼容；单一的＋5V 电源；单一 TTL 电平时钟；28 脚双列直插式封装。

2. 8251A 的引脚图

8251A 芯片共有 28 条输入/输出引脚，引脚分配如图 6.30 所示。引脚的作用、功能和使用方法将结合有关内容分别叙述。

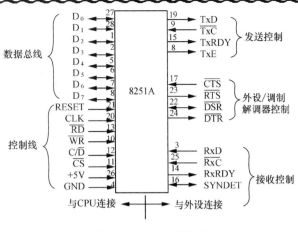

图 6.30　8251A 引脚图

3. 8251A 方块图及工作原理

8251A 内部结构方块图如图 6.31 所示。由图 6.31 所示可以看出，8251A 主要由 5 个部分组成，即接收器（含接收控制器及接收缓冲器）、发送器（含发送控制器及发送缓冲器）、数据总线缓冲器、读/写控制逻辑电路和调制解调控制器。各部分之间通过内部数据总线相互联系与通信。

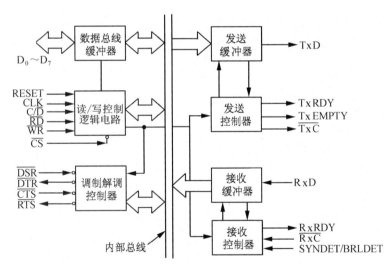

图 6.31　8251A 内部结构方块图

（1）调制解调控制器（MODEM）

8251A 有一组输入和输出控制，可以用来简化几乎任何的 MODEM 接口。MODEM 控制信号在性质上是通用的，若需要，也可以用于非 MODEM 控制的其他功能。即当使用 MODEM 时，8251A 提供 $\overline{\text{DSR}}$、$\overline{\text{DTR}}$、$\overline{\text{RTS}}$、$\overline{\text{CTS}}$ 信息作为 MODEM 的控制及状态信号。若不使用 MODEM，则这些信号可作为通信的握手（联络）信号。

$\overline{\text{DSR}}$（数据设备就绪：DEC Ready），$\overline{\text{DSR}}$ 输入状态可以由 CPU 通过读状态操作来测试。$\overline{\text{DSR}}$ 输入通常用于测试 MODEM 状态，如数据装置就绪等。

$\overline{\text{DTR}}$（数据终端就绪：DTE Ready），$\overline{\text{DTR}}$ 输出信号可以通过编程设置命令字中的相应

位而置成低电平。$\overline{\text{DTR}}$ 输出信号通常用做 MODEM 控制，如数据终端就绪或速率选择。

$\overline{\text{RTS}}$（请求发送），$\overline{\text{RTS}}$ 输出信号可以通过编程，设置命令字中的相应位而置成低电平。$\overline{\text{RTS}}$ 输出信号通常用做 MODEM 控制，如请求发送。

$\overline{\text{CTS}}$（允许发送），如果命令字中的 TxEN 位已置成"1"，则该输入端的低电平能使 8251A 串行地发送数据。记住这一点非常重要。

（2）接收器

接收器能实现有关接收的所有工作。它接收在 RxD 引脚上出现的串行数据并按规定格式转换成并行数据，存放在接收缓冲器中，以待 CPU 来取走。

在 8251A 工作于异步方式并被启动接收数据时，接收器不断采样 RxD 线上的电平变化。平时没有数据传输时，RxD 线上为高电平。当采样到有低电平出现时，则有可能起始位已到，但还不能确定它就是真正的起始位，因为有可能是干扰脉冲造成的假起始位信号。此时接收器启动一个内部计数器，其计数脉冲就是接收时钟信号。当计数到一个位周期的一半（若设定时钟频率为波特率的 16 倍，则计数到第 8 个时钟）时，如果采样 RxD 仍为低电平，则认为 8251A 真正采样到起始位，然后便开始对有效数据位采样并进行字符装配。具体地说，就是每隔 16 个时钟脉冲，采样一次 RxD（见图 6.32），然后将采样到的数据送至移位寄存器。经过移位操作，并经奇偶校验检查和去掉停止位，就得到了转换成并行格式的数据，存入接收缓冲寄存器。然后将状态寄存器中的 RxRDY（接收缓冲器就绪）位置"1"，并在 RxRDY 引脚上输出有效信号，表示已经接收到一个有效数据字符。对于少于 8 位的数据字符，8251A 将它们的高位填"0"。

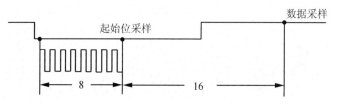

图 6.32　串行异步接收的采样情形

在同步接收方式下，8251A 采样 RxD 线，每出现一个数据位就把它移位接收进来，然后把接收寄存器与同步字符（由初始化程序设定）寄存器相比较，看其内容是否相等。若不等，则 8251A 重复上述过程；若相等，则将状态寄存器中的 SYNDET（同步检测）位置"1"，并在 SYNDET 引脚上输出一个有效信号，表示已找到同步字符。实现同步后，接收器与发送器之间就开始进行有效数据的同步传输。接收器不断对 RxD 线进行采样，并把收到的数据位送到移位寄存器中。每当收到的数据达到设定的一个字符的位数时，就将移位寄存器中的数据送到接收缓冲寄存器，使状态寄存器中的 RxRDY 位置"1"，并在 RxRDY 引脚上输出有效信号，表示已经收到了一个数据字符。

RxRDY 可以连接到 CPU 的中断机构，或者 CPU 使用状态读操作检测它以进行查询操作，在字符被 CPU 读出时，RxRDY 将自动复位。也就是说，RxRDY 用来表示当前 8251A 已经从外部设备或 MODEM 接收到一个字符，正等待 CPU 取走。因此，在中断方式时，RxRDY 可用来作为中断请求信号；而在查询方式时，RxRDY 可用做 CPU 查询用的联络信号。当字符被 CPU 读走时，RxRDY 将自动复位。

$\overline{\text{RxC}}$（接收器时钟）控制字符接收的速率。在同步模式中，$\overline{\text{RxC}}$ 的频率等于字符传输的波特率；在异步模式中，$\overline{\text{RxC}}$ 的频率是实际波特率的倍数（波特率因子），它可以是 1、16 和 64。

例如，若波特速率等于 110 波特，则 $\overline{\text{RxC}}$ 等于 110 Hz（波特率因子为 1）；$\overline{\text{RxC}}$ 等于 1.76 kHz（波特率因子为 16）；$\overline{\text{RxC}}$ 等于 7.04 kHz（波特率因子为 64）。若波特速率等于 9 600 波特，则 $\overline{\text{RxC}}$ 等于 153.6 kHz（波特率因子为 16）。数据在 $\overline{\text{RxC}}$ 的上升沿被读入 8251A。

（3）发送缓冲器

TxRDY（发送器就绪），该输出告知 CPU 发送器已准备好接收字符。它可以用于向 CPU 请求中断的信号，或者由 CPU 使用状态读操作检测它以进行查询操作。仅在 $\overline{\text{CTS}}$ 有效并且 TxEN（允许发送）为高时，TxRDY 才有效。当 8251A 从 CPU 得到一个字符后，TxRDY 便自动复位。

TxEMPTY（发送缓冲器空），当 8251A 没有字符发送时，TxEMPTY 输出将为高电平；一旦从 CPU 接收到字符，它又自动复位。TxEMPTY 可以作为发送模式结束的指示。这样，在半双工操作模式中，CPU 就知道什么时候该发送信号，什么时候该接收信号。

在同步模式中，该输出的高电平以表示字符还未装入，并自动发送作为"填充"的同步字符。因为在同步方式中，不允许字符之间有空隙，但 CPU 有时却未向 8251A 输出字符，此时 TxEMPTY 变为高电平，发送器会自动插入同步字符到输出线上，以填补传输的空隙。

$\overline{\text{TxC}}$（发送器时钟），用于控制字符发送的速率。在同步模式中，$\overline{\text{TxC}}$ 的频率等于字符传输的波特率；在异步模式中，$\overline{\text{TxC}}$ 的频率是实际波特率的倍数（波特率因子），它可以是 1、16 和 64。

例如，若波特速率等于 110 波特，则 $\overline{\text{TxC}}$ 等于 110 Hz（波特率因子为 1）；$\overline{\text{TxC}}$ 等于 1.76 kHz（波特率因子为 16）；$\overline{\text{TxC}}$ 等于 7.04 kHz（波特率因子为 64）。若波特速率等于 9 600 波特，则 $\overline{\text{TxC}}$ 等于 153.6 kHz（波特率因子为 16）。$\overline{\text{TxC}}$ 的下降沿把串行数据移出 8251A。

（4）数据总线缓冲器

它是一个 8 位的双向缓冲器，3 态输出。它是 8251A 与系统数据总线的接口，数据、控制命令及信息均通过此接口传送。

（5）读/写控制逻辑电路

它接收来自 CPU 的控制信号及控制命令字（包括工作方式指令和控制方式指令），控制 8251A 其余各组成部分的正常工作，有 6 个输入端。

RESET（总复位端），RESET=1，8251A 不工作，处于"闲置"状态。

CLK（时钟输入端），提供 8251A 内部控制所需的时钟信号。

$\overline{\text{RD}}$（读信号输入端），$\overline{\text{RD}}$ =0 时为读。

$\overline{\text{WR}}$（写信号输入端），$\overline{\text{WR}}$ =0 时为写。

$C/\overline{D}$ 用来表明读写的是数据还是控制信息或状态信息。$C/\overline{D}$ =1 时，是读状态信息或写控制命令；$C/\overline{D}$ =0 时，是读或写数据。

$\overline{\text{CS}}$（选片端）连接到地址译码器上。$\overline{\text{CS}}$ =0，表示此 8251A 芯片被选中。CPU 可通过"写"操作指令把待发送的数据或控制命令字写入 8251A，通过"读"操作指令可以取出 8251A 接收的数据或读出各种状态控制信息。表 6.2 是 8251A 读/写操作真值表，表中列出了 4 种操作所对应的 CPU 控制信号。表中×可以是 0 或 1。

表 6.2　8251A 读/写操作真值表

$\overline{CS}$	C/$\overline{D}$	$\overline{RD}$	$\overline{WR}$	功　　能
0	0	0	1	CPU 从 8251A 读数据
0	1	0	1	CPU 从 8251A 读状态
0	0	1	0	CPU 写数据到 8251A
0	1	1	0	CPU 写命令到 8251A
0	×	1	1	8251A 数据总线 3 态
1	×	×	×	8251A 数据总线 3 态

4．825IA 的程序设置

（1）综述

8251A 的使用采用控制寄存器。控制寄存器写入方式字和命令字。方式字设定通信方式与通信条件；命令字确定通信中控制线的控制等。

825IA 方式字与命令字各位意义如图 6.33 和图 6.34 所示。加电时用硬件复位，8251A 控制寄存器为读取命令字状态，这时，把复位命令（40H）提供给命令字；初始时为方式字读取状态。

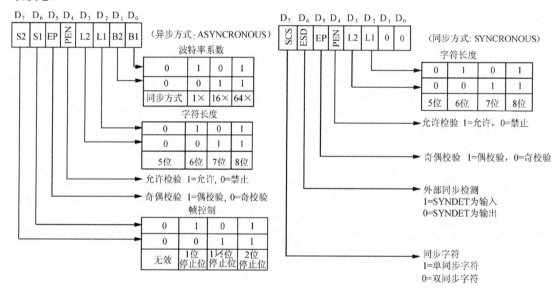

图 6.33　825IA 的方式字

接着是方式字的指定，但其内容是异步（位 1 和位 0 内容不是 00）时，下次照样变为接收命令字状态。同步时，仅接收 SYNC 字符数的 SYNC 字符状态，其后变为接收命令字状态。再次改写方式字时，必须送复位命令，方法是在 8251A 进行数据块操作期间，将 D_6 位置"1"，如此操作，将引发 8251A 的内部复位操作，从而可以不用外部复位操作，来实现对方式字的重新设置。这些控制寄存器的使用如图 6.35 所示。

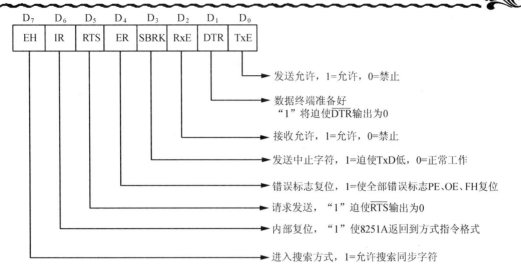

图 6.34　8251A 的命令字

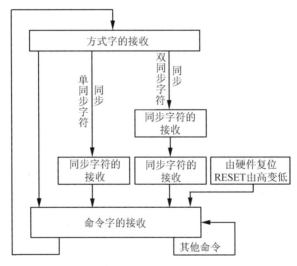

图 6.35　8251A 控制寄存器的使用

 注意

　　向 8251A 写入命令是对发送数据/命令缓冲寄存器写入方式字、同步字符和命令字。对此缓冲器写入命令时，要严格遵守下列顺序：同步方式的顺序为，方式字→同步字符→命令字；异步方式的顺序为，方式字→命令字。

　　8251A 工作时通过编程使其初始化，其后查看状态寄存器，8251A 的状态字如图 6.36 所示。把数据写入寄存器或者从数据寄存器中读取数据，即可进行通信。

　　（2）编程举例

　　① 异步方式下的初始化编程举例。

　　a. 方式选择控制字的设定。例如，设定 8251A 工作于异步方式，波特率因子为 64，每字符 7 个数据位，偶校验，2 位停止位，则方式选择控制字为：11111011B（FBH）。

　　b. 操作命令控制字的设定。例如，使 8251A 的发送器允许，接收器允许，使状态寄存器中的 3 个错误标志位复位，使数据终端准备好信号输出低电平（有效），则操作命令控制字为

00010111B（17H）。

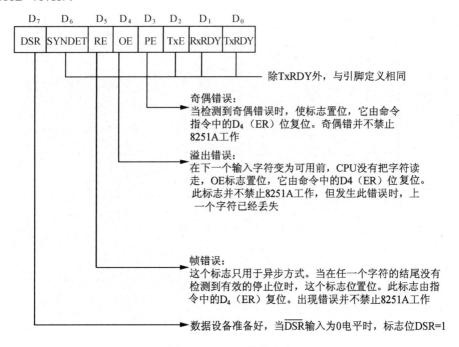

图 6.36　8251A 的状态字

如前所述，"方式选择控制字"和"操作命令控制字"应使用同一个端口地址（控制口地址），按先后次序写入 8251A 之中。若将 8251A 的 C/$\overline{D}$ 输入端接地址总线的 A_0 位，则 CPU 需用奇地址访向控制口（C/$\overline{D}$ =1），用偶地址访问数据口（C/$\overline{D}$ =0）。现假定 8251A 的控制口地址为 51H，数据口地址为 50H，则本例的初始化程序如下。

MOV	AL, 0FBH	；输出方式选择字，使 8251A 工作于异步方式，波特率因子为 64
OUT	51H, AL	；每字符 7 个数据位，偶校验，2 位停止位
MOV	AL, 17H	；输出操作命令字，使发送器允许，接收器允许，使错误标志复位
OUT	51H, AL	；使 $\overline{DTR}$ 输出有效信号

CPU 执行了上述程序段之后，即完成了对 8251A 异步方式的初始化编程。

② 同步方式下的初始化编程举例。

由图 6.35 所示的 8251A 控制寄存器的使用可知，8251A 工作于同步方式下的初始化编程应为：首先输出方式选择字（同步方式），然后紧接着输出一个同步字符（单同步）或两个字符（双同步），最后输出操作命令字。

方式选择字设定为 00111000B（38H），即设定为同步工作方式，两个同步字符（双同步）采用内同步方式（SYNDET 引脚为输出），偶校验，每字符 7 个数据位。

同步字符为两个，它们可以相同，也可以不同。本例中设定为 16H，它们必须紧跟在方式选择字之后用同一个端口地址（控制口地址）写入 8251A。

操作命令字设定为 10010111B（97H），它使 8251A 的发送器允许，接收器允许，使状态寄存器中的 3 个错误标志位复位，开始搜索同步字符，并通知调制解调器，数据终端设备已准备就绪。

8251A 的端口地址同前（即控制口地址——51H，数据口地址——50H），本例的初始化程序如下。

```
MOV   AL, 38H   ; 输出方式选择字，使 8251A 工作于同步方式，双同步字符，内同步方式
OUT   51H, AL   ; 偶校验，每字符 7 个数据位
MOV   AL, 16H
OUT   51H, AL   ; 连续输出两个同步字符，同步字符为 16H
OUT   51H, AL
MOV   AL, 97H   ; 输出操作命令字，使发送器允许，接收器允许，使错误标志位复位
OUT   51H, AL   ; 开始搜索同步字符，并输出 DTR 有效信号
```

CPU 执行上述程序段之后，即完成了对 8251A 同步方式的初始化编程。

5．8251A 的应用举例

利用 8251A 实现相距较近（不超过 15 m）的两台微型计算机相互通信，其硬件连接图如图 6.37 所示。由于是近距离通信，因此不需要使用 MODEM，两台微型计算机直接通过 RS-232C 电缆相连即可，且通信双方均作为 DTE（数据终端设备）；由于采用 EIA RS-232C 接口标准，所以需要 EIA/TTL 电平转换电路；另外，通信时均认为对方已准备就绪，因此可不使用 DTR 、 DSR 、 RTS 和 CTS 联络信号，仅使 8251A 的 CTS 接地即可。

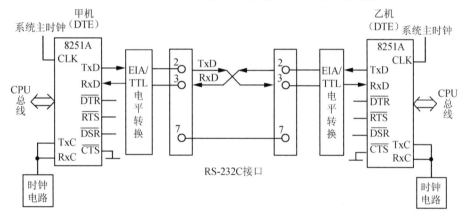

图 6.37　利用 8251A 进行双机通信的硬件连接图

甲、乙两机可进行半双工或全双工通信。CPU 与接口之间可按查询方式或中断方式进行数据传送。本例采用半双工通信，查询方式，异步传送。下面给出发送端与接收端的初始化及控制程序。

发送端初始化及控制程序如下所示。

```
START:  MOV   DX, 8251A 控制端口号
        MOV   AL, 40H
        OUT   DX, AL          ; 复位
        MOV   AL, 7AH         ; 方式选择字，异步方式，7 位数据，1 位停止位
        OUT   DX, AL          ; 偶校验，波特率系数为 16
        MOV   AL, 11H         ; 操作命令字，发送器允许，错误标志复位
        OUT   DX, AL
        MOV   SI, 发送数据块首地址
```

```
         MOV      CX, 发送数据块字节数
NEXT:    MOV      DX, 8251A 控制端口号
         IN       AL, DX              ; 读状态字
         TEST     AL, 01H             ; 查询状态位 TxRDY 是否为 "1"
         JZ       NEXT                ; 发送未准备好, 则继续查询
         MOV      DX, 8251A           ; 数据端口号
         MOV      AL, [SI]            ; 发送准备好, 则从发送区取一字节数据发送
         OUT      DX, AL
         INC      SI                  ; 修改地址指针
         LOOP     NEXT                ; 未发送完, 继续
         HLT
```

接收端初始化及控制程序如下所示。

```
BEGIN:   MOV      DX, 8251A 控制端口号
         MOV      AL, 40H
         OUT      DX, AL              ; 复位
         MOV      AL, 7AH             ; 方式选择字
         OUT      DX, AL
         MOV      AL, 14H             ; 操作命令字
         OUT      DX, AL
         MOV      DI, 接收数据块首地址
         MOV      CX, 接收数据块字节数
L1:      MOV      DX, 8251A 控制端口号
         IN       AL, DX              ; 读状态字
         TEST     AL, 02H             ; 查状态位 RxRDY 是否为 "1"
         JZ       L1                  ; 接收未准备好, 则继续查询
         TEST     AL, 08H             ; 检测是否有奇偶校验错
         JZ       ERR                 ; 若有, 则转出错处理
         MOV      DX, 8251A 数据端口号
         IN AL,   DX                  ; 接收准备好, 则接收一字节
         MOV      [DI], AL            ; 存入接收数据区
         INC      DI                  ; 修改地址指针
LOOP  L1                              ; 未接收完, 继续
HLT
```

6.5 并行通信

　　微型计算机与外部设备之间可以通过串行接口进行信息交换，也可通过并行接口进行信息交换。前者经济，传送信息距离较远，然而传输速率较慢。后者虽然传送距离较近，但是传输速率较快。因此，并行接口适合速度要求高、主机响应时间要求快的一些场合。如在实

时控制或快速采样的时候，并行接口由于可以直接和各种数字设备的数据线直接相连，因而简化了连接过程。所以在一些低速的应用中，也使用并行接口，如外部设备开关闭合的检测，信号指示器的驱动，数字测试仪表测试数据的传输等。

并行接口最简单的方法是 CPU 的数据线和外部设备的数据线直接相连（当然还应有一条地线以便共地）。然而对于不同的系统，每次并行发送和接收数据的位数也有差异，例如，8088 CPU 数据总线为 8 位，每次可通过 8 位数据线并行发送和接收 8 位数据，也可以分两次发送和接收 16 位数据。如前所述，在一般由微机控制的外部设备中，除了有数据通道之外，还应有传递控制信息和状态信息的通道，这个通道起码至少有两条信号线，以实现两者的联络，如一条来自外设请求主机为其服务的信号，另一条来自主机回答外设的请求的信号。由于一般外部设备和主机的工作时钟不同步，因此上述的联络信号又可称为异步握手信号。可见并行接口和串行接口在传送数据之前都需要一个由异步到同步的联络过程，但是采用的方式却有差异。

简单的并行数据的传输并不需要联络过程，只要用软件就可简单地实现接收数据或发送数据。有时接收的数据是一些开关量，发送的数据实际上也是一些开关量，那么对 8 位数据线来说，就相当于可接 8 个开关。有时接收的信息是脉冲量，这就需要锁存，然后取走。有时需要接收或发送的信息并不一定是 8 位的，可能只有几位，但发送与接收的原理与 8 位的相同，只不过 8 位总线中有几位不用罢了。

6.5.1　简单的并行输入与输出接口

1. 并行输入

如图 6.38 所示的并行输入接口电路由两部分组成，一部分是由 3 态门组成的数据传送通路，一端与系统总线相连，另一端与外部设备相接；另一部分是由地址译码器组成的控制电路。若执行 IN 指令周期，产生 $\overline{IOR}$ 信号，则被测设备的信息量可通过 3 态门送到微型计算机的数据总线上，然后装入 AL 寄存器。设片选口地址为 port，可用如下指令来完成取数操作：

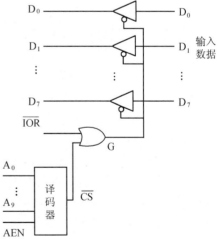

图 6.38　并行输入接口电路

```
MOV DX, port
IN    AL, DX
```

port 用十进制数表示，若用十六进制数，则需加后缀 H。

若没有微型计算机开发系统，要调试，则可调用 DEBUG 程序。可使用下述命令：

I port

port 用十六进制数表示，执行完此命令，将会在显示屏上显示取得的数据，以此可验证线路正确与否。

2. 并行输出

当需要输出数字量，对设备进行控制时，一般控制量需进行保持，直到下次给出新的量为止。其线路原理图如图 6.39 所示。由于 D 型触发器的 CP 脉冲上升沿起作用，所以可直接由 $\overline{\text{IOW}}$ 信号的后沿将数据总线上的数据（$XD_0 \sim XD_7$）打入触发器。图中的 8 个 D 触发器可用 74SL273。当仅用其中的几位时，可用 74SL74 等。$XD_0 \sim XD_7$ 表示可供外部设备使用的数据。

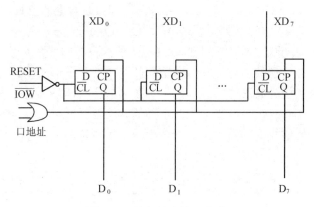

图 6.39　并行输出接口电路

驱动此线路可用如下指令。

MOV　AL, DATA ；DATA 表示要输出的量

MOV　DX, port

OUT　DX, AL

当用 DEBUG 进行动态调试时，可用以下命令。

port, DATA

若 $XD_0 \sim XD_7$ 与发光二极管相接，则可方便地检查输出结果是否正确。

6.5.2　并行通信接口 8255A

1. 概述

8255A 是可编程的通用并行输入/输出接口电路，是一片使用单一＋5V 电源的 40 脚的双列直插式大规模集成电路。其内部结构框图如图 6.40 所示。它由 3 部分组成，即 CPU 接口、内部逻辑与外设接口部分。

CPU 接口部分有数据总线缓冲器和读/写控制逻辑。数据总线缓冲器是一个 8 位双向 3 态缓冲器，3 态控制是由读/写控制逻辑控制的。读/写控制逻辑与 CPU 的 6 根控制线（$\overline{\text{RD}}$、$\overline{\text{WR}}$、$\overline{\text{CS}}$、A_0、A_1 和 RESET）相连接，控制 8255A 内部的各种操作。

内部逻辑部分有 A 组和 B 组控制电路。每组控制电路从读/写控制逻辑接受各种命令，从内部数据总线接收控制字并发出适当的命令到各自相应的端口。也可以根据 CPU 的命令字对端口 C 的每一位实现按位"置位"或"复位"控制。

外设接口部分的 3 个端口 A、B 和 C，经 24 根输入/输出端口线和外部设备相连接。8255A 引脚图如图 6.41 所示。

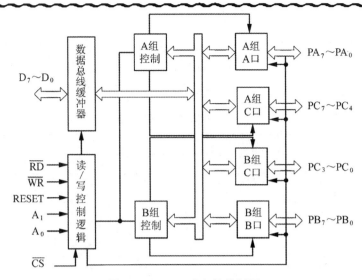

图 6.40 8255A 内部结构框图

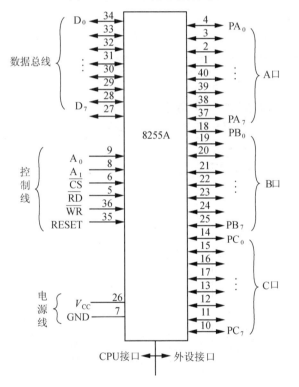

图 6.41 8255A 引脚图

（1）8255A 的特点

8255A 的输入/输出端口功能全部由程序选择。8255A 有 3 个 8 位的输入/输出端口，即端口 A、端口 B 和端口 C。每个端口都有自己的特点。将 A、B、C 3 个端口分成两组，A 组包括 A 口及 C 口的高 4 位，共 12 位；B 组包括 B 口和 C 口的低 4 位，共 12 位可进行控制。

C 口可以进行位操作。8 位的 C 口作为控制又可以分为两部分，每 4 位为一部分。这 4 位可以作为每组状态位或控制位使用。这种功能是位操作功能，可用来"置位"或"复位"。

单电源＋5V 工作，若采用 CMOS 产品，例如 82C55A，则工作电源可以为 3 ～6V。

（2）端口寻址

8255A 中有 3 个输入/输出端口，另外，内部还有一个控制字寄存器，所以共有 4 个端口。它们要由两个输入端来加以选择。这两个输入端通常接到地址总线的最低两位 A_0 和 A_1 上。

A_0、A_1 和 $\overline{RD}$、$\overline{WR}$ 及 $\overline{CS}$ 组合所实现的各种功能，如表 6.3 所示。

表 6.3　8255A 端口选择表

$\overline{CS}$	A_0	A_1	$\overline{RD}$	$\overline{WR}$	功　能	
0	0	0	0	1	端口 A→数据总线	
0	0	1	0	1	端口 B→数据总线	输入操作（读）
0	1	0	0	1	端口 C→数据总线	
0	0	0	1	0	数据总线→端口 A	
0	0	1	1	0	数据总线→端口 B	输出操作（写）
0	1	0	1	0	数据总线→端口 C	
0	1	1	1	0	数据总线→控制字寄存器	
0	1	1	0	1	非法状态	
0	×	×	1	1	数据总线→3 态	断开功能
1	×	×	×	×	数据总线→3 态	

2．8255A 的工作方式介绍

8255A 有 3 种基本的工作方式，即方式 0、方式 1 和方式 2。A 组 3 种方式都具有，而 B 组只有方式 0 和方式 1 两种。8255A 的工作方式由控制寄存器的内容决定。

（1）方式 0

这是一种基本的 I/O 方式。在这种工作方式下，3 个端口都可由程序选定做输入或输出，如图 6.42 所示。

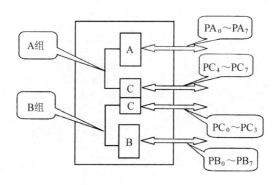

图 6.42　8255A 工作方式 0

它们的输出是锁存的，输入是不锁存的。

在这种工作方式下，可以由 CPU 用简单的输入或输出指令来进行读或写。因而当方式 0 用于无条件传送方式的接口电路时是十分简单的，这时不需要状态端口，3 个端口都可作为数据端口。

方式 0 也可作为查询式输入或输出的接口电路。此时端口 A 和端口 B 分别可作为一个数据端口，而取端口 C 的某些位作为这两个数据端口的控制和状态信息。

（2）方式 1

这是一种选通的 I/O 方式。它将 3 个端口分为 A、B 两组，端口 A 和端口 C 中的 PC_3、PC_4、PC_5 或 PC_3、PC_6、PC_7 3 位为一组；端口 B 和端口 C 的 $PC_2 \sim PC_0$ 3 位为一组。端口 C 中余下的两位，仍可作为输入或输出用，由方式控制字中的 D_3 来设定。端口 A 和端口 B 都可以由程序设定为输入或输出。此时端口 C 的某些位作为控制状态信号，用于联络和中断，其各位的功能是固定的，不能用程序改变。

① 方式 1 输入。方式 1 输入的状态控制信号及其时序关系如图 6.43 所示。

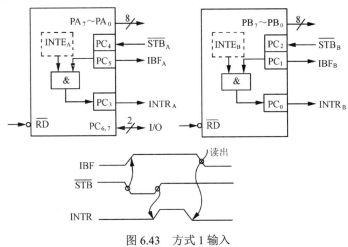

图 6.43　方式 1 输入

各控制信号的作用及意义如下所述。

$\overline{STB}$（Strobe）：选通信号，低电平有效。这是由外设发出的输入信号。用信号的下降沿，把输入装置送来的数据送入输入缓冲器；信号的上升沿使 INTR 有效（置 1）。

IBF（Input Buffer Full）：输入缓冲器满信号，高电平有效。这是 8255A 输出给外设的联络信号。外设将数据送至输入缓冲器后，该信号有效；$\overline{RD}$ 信号的上升沿将数据送至数据总线后，该信号无效。

INTR（Interrupt Request）：中断请求信号，高电平有效。这是 8255A 的一个输出信号，可用于向 CPU 申请中断的请求信号，以要求 CPU 服务。当 IBF 为高和 INTE（中断允许）为高时，由 $\overline{STB}$ 的上升沿（后沿）使其置为高电平。而 $\overline{RD}$ 由信号的下降沿在 CPU 读取数据前清除为低电平。

INTE（Interrupt Enable）：中断允许信号。端口 A 中断允许 $INTE_A$ 可由用户通过对 PC_4 的按位置位/复位来控制；而 $INTE_B$ 由 PC_2 的置位/复位控制。INTE 置位后允许中断，INTE 复位后禁止中断。

② 方式 1 输出。方式 1 输出的状态控制信号及其时序关系如图 6.44 所示。各控制信号的作用及意义如下所述。

$\overline{OBF}$（Output Buffer Full）：输出缓冲器满信号，低电平有效。这是 8255A 输出给外设的一个联络信号。CPU 把数据写入指定端口的输出锁存器后，该信号有效，表示外设可以把数据取走。它由 $\overline{ACK}$ 的下降沿在外设取走数据后，使其恢复为高。

$\overline{ACK}$（Acknowledge）：低电平有效。这是外设发出的响应信号，该信号的前沿取走数据，使 $\overline{OBF}$ 无效，后沿使 INTR 有效。

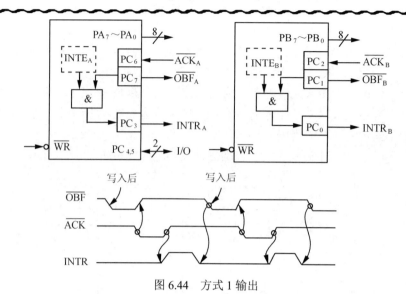

图 6.44　方式 1 输出

INTR：中断请求信号，高电平有效。当输出装置已经接受了 CPU 输出的数据后，它用来向 CPU 提出中断请求，要求 CPU 继续输出数据。$\overline{OBF}$ 为"1"（高电平）和 INTE 为"1"（高电平）时，由 $\overline{ACK}$ 的上升沿使其置位（高电平），$\overline{WR}$ 信号的下降沿使其复位（低电平）。

$INTE_A$：由 PC_6 的置位/复位控制，而 $INTE_B$ 由 PC_2 的置位/复位控制。INTE 置位，允许中断。

（3）方式 2

方式 2 示意如图 6.45 所示。这种工作方式使外设可在单一的 8 位数据总线上，分时地发送/接收数据（双向总线 I/O）。方式 2 只限于 A 组使用，它用双向总线端口 A 和控制端口 C 中的 5 位进行操作。此时，端口 B 可用于方式 0 或方式 1。端口 C 的其他 3 位做 I/O 用或做端口 B 控制状态信号线用。

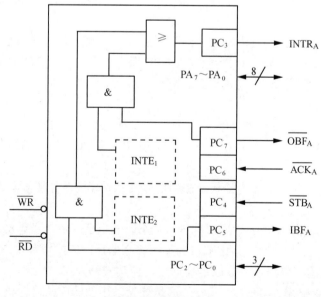

图 6.45　方式 2 示意

方式 2 控制字和状态控制信号如图 6.45 所示。各信号的作用及意义与方式 1 相同。

INTE$_1$ 是输出的中断允许信号，由 PC$_6$ 的置位/复位控制。

INTE$_2$ 是输入的中断允许信号，由 PC$_4$ 的置位/复位控制。

3．8255A 的控制字

8255A 的控制字分为两种。

一种是各端口的"方式选择控制字"，它可以使 8255A 的 3 个端口工作于不同的操作方式。方式选择控制字总是将 3 个端口分为两组来设定工作方式，即端口 A 和端口 C 的高 4 位作为一组（A 组），端口 B 和端口 C 的低 4 位作为另一组（B 组）。

另一种控制字是"端口 C 置 1/置 0 控制字"，它可以使端口 C 中的任何一位置"1"或置"0"。

控制字的最高位（D$_7$ 位）是上述两种控制字的标志位，即若 D$_7$ 位为"1"，则该控制字为"方式选择控制字"；若 D$_7$ 位为"0"，则该控制字为"端口 C 置 1/置 0 控制字"。下面，分别给出这两种控制字的具体格式。

（1）方式选择控制字

方式选择控制字的格式如图 6.46 所示。

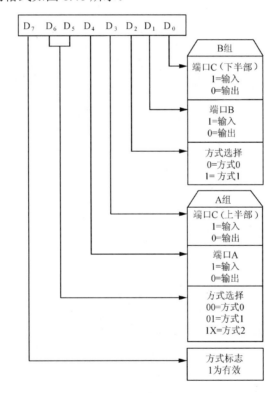

图 6.46　方式选择控制字的格式

假定要求 8255A 的各个端口工作于如下方式：

➤ 端口 A—方式 0，输出。

➤ 端口 B—方式 0，输入。

➤ 端口 C 的高 4 位—方式 0，输出。

➤ 端口 C 的低 4 位—方式 0，输入。

那么，相应的方式选择控制字应为 10000011B（83H）。设在 8086 系统中 8255A 控制口的地址为 D6H，则执行如下两条指令即可实现上述工作方式的设定。

MOV AL, 83H；

OUT 0D6H, AL；将方式选择控制字写入控制口

（2）端口 C 置 1/置 0 控制字

可以用专门的控制字实现对端口 C 按位单独置 1/置 0 操作，用于产生所需的控制功能。这种控制字就是"端口 C 置 1/置 0 控制字"。该控制字的具体格式如图 6.47 所示。

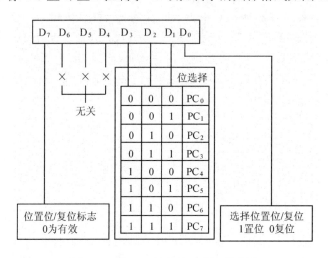

图 6.47　端口 C 按位置 1/置 0 控制字

需要指出的是，对于端口 C 置 1/置 0，控制字是对端口 C 的操作控制信息，因此该控制字必须写入控制口，而不应写入端口 C。控制字的 D_0 位决定是置"1"操作还是置"0"操作，但究竟是对端口 C 的哪一位进行操作，则取决于控制字中的 D_3、D_2、D_1 位。

例如，要实现对端口 C 的 PC_6 位置"0"，则控制字应为 00001100B（0CH）。那么，若在 8086 系统中设 8255A 的控制口地址为 0D6H，则执行下列指令即可实现指定的功能。

MOV　AL, 0CH；

OUT　0D6H, AL；将"端口 C 置 1/置 0 控制字"写入控制口，实现对 PC_6 位置"0"

 本章小结

本章介绍了输入/输出系统的作用、结构和基本工作原理。首先介绍了 I/O 接口的基本功能和基本结构，然后介绍了接口的地址和译码方法。I/O 端口地址有两种编址方法，即单独编址和统一编址。I/O 控制方式包括程序控制方式、中断控制方式和 DMA 方式。还介绍了中断的基本概念和过程，以及 8259A、8251A、8255A 等芯片的工作原理和使用方法。最后介绍了串行通信及并行通信的基本概念和工作原理，重点介绍了串行通信的技术规范和串行接口电路的结构，并通过实例介绍了 8251A 的使用方法。

习题 6

1. 简要解释下述名词。

接口、串行接口、并行接口、程序传送方式、程序查询方式、程序中断方式、DMA 方式、中断向量、中断屏蔽、多重中断及 DMA 初始化。

2. 比较并说明下述几种 I/O 控制方式的优缺点及其适用场合。

（1）直接程序传送方式

（2）程序中断方式

（3）DMA 方式

3. I/O 接口的编址方法一般有哪几种？试比较它们的优缺点。

4. 什么是中断？采用中断有哪些优点？

5. 什么是中断源？微型计算机中一般有哪几种中断源？识别中断源一般有哪几种方法？

6. 中断分为哪几种类型？它们的特点分别是什么？

7. 什么是中断向量、中断优先权和中断嵌套？

8. CPU 响应中断的条件是什么？CPU 如何响应中断？

9. 如果在中断处理时要用不能破坏的寄存器，应如何处理？

10. 中断返回指令的功能是什么？

11. 中断向量表的功能是什么？如何利用中断向量表获得中断服务程序的入口地址？

12. 串行通信的主要特点是什么？

13. 什么是全双工方式？什么是半双工方式？

14. 简要说明异步方式与同步方式的主要特点。

15. 画出串行异步传输的数据格式图示。

16. 什么是波特率因子？若波特率因子为 16，波特率为 1200b/s，则时钟频率应为多少？

17. 设异步传输时，每个字符对应 1 个起始位、7 个有效数据位、1 个奇偶校验位和 1 个停止位，若波特率为 9 600 b/s，则每秒钟传输的最大字符数为多少？

18. RS-232C 是哪两种设备之间的通信接口标准？常用的 RS-232C 接口信号有哪些？

19. 解释 RS-232C 接口信号中 $\overline{DTR}$ 、 $\overline{DSR}$ 及 $\overline{RTS}$ 、 $\overline{CTS}$ 的含义和功能。

20. 简述 8251A 的内部结构及各部分的作用。

21. 8251A 在接收和发送数据时，分别通过哪个引脚向 CPU 发出中断请求信号？

22. 8251A 与外设之间有哪些接口信号？

23. 说明 8251A 异步方式与同步方式初始化流程的主要区别。

24. 并行通信的主要特点是什么？

25. 指出并行接口电路的主要内部寄存器及外部接口信号。

26. 简述"握手"信号在并行接口中的作用。

27. 简述 8255A 的组成及工作方式。8255A 的 3 个端口在使用时有何差别？

28. 8255A 的方式 0 和方式 1 的主要区别是什么？方式 2 的特点是什么？

29. 试说明 8255A 在方式 1 输入和输出时的具体工作过程。

30. 指出 8255A "方式选择控制字"及"端口 C 置 1/置 0 控制字"的功能及格式。

31. 用"方式选择控制字"设定 8255A 的端口 A 工作于方式 0，并作为输入口；端口 B 工作于方式 1，并作为输出口（8255A 的端口地址为 0C0H、0C1H）。

实验：串行口通信实验

（1）器材

 ① 一台微型计算机。

 ② 带 RS-232C 串行接口的通信连接器。

 ③ 示波器（或万用表）。

（2）实验步骤

 ① 编一个程序让微型计算机连续发送字符"A"。

 ② 将示波器探头连到 RS-232C 的 2 脚和 3 脚。

 ③ 当程序中用不同的停止位时，观察其输出波形并画出这个波形。

 ④ 将通信连接组成传输 7 位字符，一位奇偶校验位和一个停止位，重新发送字符"B"，解释在示波器屏幕上观察到的波形。然后发送字符"B"，观察奇偶校验位有何变化，并解释观察到的结果（也可以用万用表的电压挡，观察电压幅度的变化，此时最好选择字符编码相差大的字符）。

第7章 外部设备

本章要点

➢ 了解常用输入设备的基本工作原理。

➢ 了解键盘的工作特点。

➢ 了解显示器的基本工作原理。

➢ 了解打印机的基本工作原理。

➢ 了解显示方式和显示标准。

➢ 了解外部设备的种类、用途、基本工作原理等。

外部设备的常用功能是实现人机交流和存储大量的信息。随着计算机，特别是微型计算机的普及，以及系统软件的改善，使得操作十分简单，加之外部设备价格不断降低，人们对外部设备的需求也不再只局限于键盘和显示器。然而外部设备的种类比较多，且应用领域广泛，即使常见的外部设备的结构和工作原理也是十分复杂的，下面仅以常见的外部设备为例，对其基本工作原理和使用方法进行说明。

7.1 常用输入设备

输入设备的作用是为计算机提供信息。输入设备提供的信息主要有开关信号、编码、坐标和图像。

7.1.1 键盘

除了常见的标准键盘外，还有各类功能键盘，其形式随着计算机（包括单片机）的应用领域不同而存在很大的差异。例如，数控机床的操作面板、打印机的操作按键等，它们均有键盘的基本属性。从形式上看，不同按键所标注的功能有着天壤之别，但是实际上每个按键只是给了计算机一个开关的闭合信号，它所引起的一系列操作是由程序完成的。

1. 键开关

无论哪种键盘，其基本元件都是键开关。对于同一个键盘，它的每一个键开关结构都是完全相同的。通过键开关，可以把按键的动作转变为电信号。

键开关的结构多种多样，但一般可以分为有触点式键开关和无触点式键开关两种。

（1）有触点式键开关

有触点式键开关主要有机械簧片式、干簧管式、薄膜式和导电橡胶式等。下面介绍一下前 3 种有触点式键开关。

① 机械簧片式。机械簧片式键开关的结构如图 7.1 所示。在绝缘材料制成的键杆下面，连接一块簧片，由于复位弹簧向上的弹力，平时簧片与印制板不接触。当操作员按下键帽时，键杆下面的簧片与印制板上的铜箔接触，电路即被接通。如果把簧片改成导电橡胶，则为导电橡胶式键开关。因为橡胶的柔性比簧片要好，所以工作时，它与印制板上的铜箔接触更为可靠。

为保证这类开关触点有良好的导电性，在触点部位常常镀一层金或银。但大气腐蚀、机械磨损或触点抖动，都会使其可靠性下降。然而，它们结构简单，价格低廉，且理论上有着最理想的开关特性（即通、断之间的电阻值为 0Ω 和 $\infty\Omega$），故在相当多的键盘中，仍然采用这种结构。

② 干簧管式。干簧管式键开关的结构如图 7.2 所示。这是一个被抽成真空的玻璃管，其内部装有两片磁性簧片。当外磁场达到一定强度时，管内两片磁性簧片就相互吸引并接触，即簧片由断开变为接通。因此，当按键被按下时，磁铁靠近干簧管，于是两片磁性簧片就因吸合在一起而相互接触；当按键被释放时，由于复位弹簧的作用，磁铁远离干簧管，簧片就自动分开，恢复到原来相互不接触的位置。

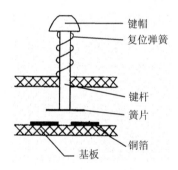

图 7.1　机械簧片式键开关的结构

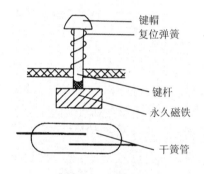

图 7.2　干簧管式键开关的结构

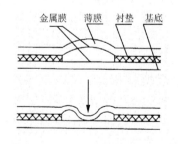

图 7.3　薄膜式键开关的结构

这种结构的机械触点完全被封装在抽真空的玻璃管内，所以它比上述机械簧片式键开关对外界环境的防腐能力要强，因而可靠性较高，使用寿命较长，操作也较轻便，所以应用也较广泛。

③ 薄膜式。薄膜式键开关的结构如图 7.3 所示。这种结构的键开关是由基底、衬垫和薄膜等构成的。它们都由绝缘材料制成，但在基底与薄膜相对的面上，涂了一层金属膜，衬垫厚度为 0.05～0.1mm。薄膜上装有键帽，按下时，上下金属膜接触，开关接通；键帽不按时，由于薄膜的弹性，上下金属膜自动脱离。

这种开关结构也较好地解决了密封问题，对外界环境具有较强的防腐能力，成本也低。但由于薄膜易于老化，且老化后薄膜弹性下降，所以使用寿命较短。

（2）无触点式键开关

无触点式键开关的类型也很多，它们的共同之处是在工作过程中，开关内部没有机械触点，而是用按键动作，通过改变某些参数或利用某种效应，来实现电路的通、断切换。这里主要介绍两种使用较多的无触点式键开关。

① 电容式。由物理学可知,在极间电介质一定的情况下,平行板电容器的电容量 C 与两极板的相对面积 S 成正比,与极板间距离 d 成反比,公式如下:

$$C = \varepsilon \cdot \frac{S}{d}$$

式中,ε 为电介质的介电常数。

电容式键开关就是按这一原理设计的,其结构如图 7.4 所示。在键内部,底板上有两片固定电极,一片是驱动极,另一片是检测极;与键杆连在一起的是活动极(金属化薄膜),活动极与驱动极和检测极分别组成了两个平行板的电容器。若将电路接在驱动极和检测极上,则它们就相当于两个电容器串联。显然,当按键被按下时,极间距离缩短,电容量增大;释放时,极间距离变大,电容量减小。

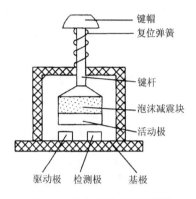

图 7.4 电容式键开关的结构

在实际电路中,振荡器接到驱动极,放大器接到检测极。这样,振荡器产生的振荡信号通过上述电路耦合到放大器;随着按键动作而引起电容量变化,耦合到放大器的信号强度也发生变化。这种变化的信号经放大器放大、整形后,就可得到完整的输出波形。

这种键开关在工作中,只有活动极与固定极板间的距离发生变化,并无实际接触,所以不存在机械磨损或触点抖动等现象,因而其工作稳定性好,使用寿命也长。此外,这种键开关还具有结构简单,功耗小,适于小型化和批量生产,以及成本较低等优点,缺点是电路较复杂。

这种结构的键开关在微型计算机键盘中使用较多。

② 霍尔效应式。霍尔效应式键开关即利用霍尔效应制成的键开关,其原理和结构如图 7.5 所示。

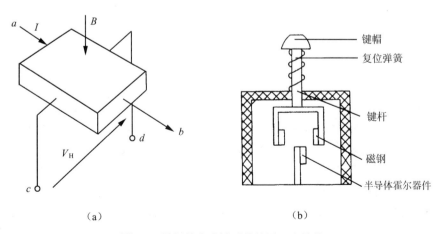

(a)　　　　　　　　　　　(b)

图 7.5 霍尔效应式键开关的原理和结构

所谓霍尔效应(见图 7.5 (a)),就是当有电流 I 由 a、b 两端流经一个半导体薄片(霍尔器件)时,存在一个外加磁场,外加磁场(磁力线)B 的方向与该电流方向垂直时,则在垂直于电流方向和磁场方向的 c、d 两端间会产生电压。这是由于运动的电荷在磁场中受到洛仑兹力的作用，使霍尔输出端有电荷聚集，从而形成霍尔电压 V_H，其输出电压的极性随半导体材料、控制电流或外加磁场方向的不同而改变，这种现象称为霍尔效应。图 7.5（b）所示为利用霍尔效应制成的霍尔键开关结构。

这种键开关除有键帽、键杆和复位弹簧之外，还有产生磁场的磁钢和半导体霍尔器件。当按键未被按下时，磁钢（永久磁铁）远离霍尔器件，无磁场作用，故无霍尔电压输出；当按键被按下时，永久磁铁下移，由于磁场的作用，在霍尔片的垂直方向上加有磁场，故产生霍尔电压 V_H。这种电压信号很弱，因此需经相关电路放大。

与电容式键开关一样，霍尔效应式键开关只利用磁钢与霍尔器件之间距离的改变而产生开关信号，也无机械磨损和抖动，而且一般大气污染对它没有影响，所以可靠性高，使用寿命长，但成本较高。

由上面介绍可见，有触点式键开关和无触点式键开关各有优缺点。有触点式键开关，在按键时会产生抖动现象，如图 7.6 所示。抖动的结果会使一次按键动作变成电路的多次通断，这样会造成误码。但这种机械抖动的现象，对于有触点式键开关是不可避免的。为了消除因抖动而造成的通断影响，可以从硬件（如图 7.7 所示）或软件上采取相应的措施（如软件延时）来消除。但无论采用哪种措施，都会减慢输入代码的速度。因此，对于高速输入的键盘，一般都采用没有抖动的无触点式键开关（如电容式或霍尔效应式键开关）。

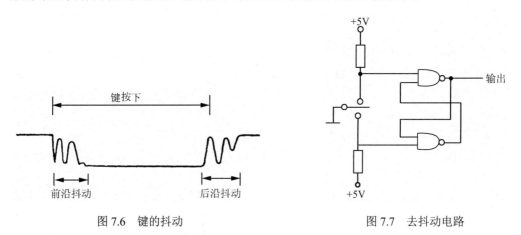

图 7.6　键的抖动　　　　　　　　图 7.7　去抖动电路

2．键盘

（1）键盘的分类

键盘是微型计算机最常用的输入外部设备之一。它分为编码键盘和非编码键盘。

① 编码键盘。编码键盘带有必要的硬件电路，能自动提供被按键的 ASCII 编码，并能将数据保持到新键按下为止。它还有去抖动和防止多键、串键等保护装置。编码键盘的软件很简短，根据编码就能识别是什么键被按下，但编码键盘的硬件电路较复杂，且价格较贵。

② 非编码键盘。非编码键盘是按行、列排列起来的矩阵开关，识别键、提供代码及去抖动等均由软件来解决。目前微型计算机中，一般为了降低成本和简化硬件电路，大多采用非编码键盘。所以下面仅介绍非编码键盘的接口电路。

（2）微型计算机键盘

微型计算机键盘为非编码键盘，是在键盘中使用一种微处理单元芯片，把键盘管理和键盘矩阵扫描等指令事先写入 ROM，键盘操作时，能自动完成各种微程序所规定的功能，所以有时也称之为智能键盘。目前，微型计算机所采用的都是这种键盘，这种键盘已标准化。常用的有 83 键标准键盘和 84 键/101 键/102 键/104 键等的扩展键盘。84 键的扩展键盘比 83 键的标准键盘多了一个系统请求键（SysRq）；101 键/102 键等扩展键盘，增加了功能键和控制键的个数，并设置了专门的光标控制键；Windows 95 键盘为 104 键，它比 101 键的键盘多了 3 个键，用于进入 Windows 95 的开始菜单和作为 Windows 95 环境下的热键。

下面对 83 键标准键盘做简要介绍。

83 键标准键盘，排列为 16 行×8 列的键盘矩阵，由键盘内的 Intel 8048 单片微处理单元控制。Intel 单片微处理单元内部主要有 8 位的 CPU、64×8 位的 RAM、1K×8 位的 ROM、8 位的数据总线 $DB_7 \sim DB_0$、两个 8 位的并行端口 $P_{17} \sim P_{10}$ 和 $P_{27} \sim P_{20}$，以及测试端口 T_1 和 T_2。关于 Intel 8048 单片微处理单元内部的详细结构，可查阅有关 Intel 8048 资料。

标准键盘的简化逻辑电路如图 7.8 所示。

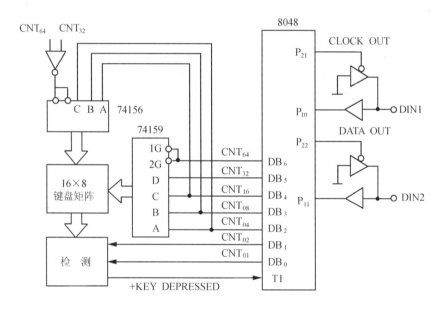

图 7.8　标准键盘的简化逻辑电路

在图 7.8 中，单片微处理单元 Intel 8048 采用行列扫描法对键盘矩阵进行扫描，即 Intel 8048 从数据总线 $DB_6 \sim DB_0$ 端口输出 7 位计数信号 $CNT_{01} \sim CNT_{64}$，由 0000000～1111111 循环计数。其中 4 位计数值 $+CNT_{04}$，$+CNT_{08}$，$+CNT_{16}$ 和 CNT_{32} 送到 4/16 行译码器 8M3（74159）的输入端口 A，B，C，D，产生负脉冲步进信号，加到键盘矩阵的 16 根行线上；用 3 位计数值 $+CNT_{04}$，$+CNT_{08}$ 和 $+CNT_{16}$ 送到 3/8 列译码器 12M4（74156）的输入端口 A，B，C，产生负脉冲步进信号，加在键盘矩阵的 8 根列线上。最高计数位 $+CNT_{64}$ 用来控制行扫描或列扫描。当 $+CNT_{64}$ 为低电平时，使行译码器开启，产生步进驱动信号加在行线上；当 $+CNT_{64}$ 为高电平，且 $+CNT_{32}$ 为低电平时，使列译码器开启，产生步进驱动信号加在列线上，从而实现对键盘矩阵进行行、列扫描。

当某键被按下时，通过检测电路，产生一个高电平有效的按键状态信号 $+KEY$ $DEPRESSED$，送到 Intel 8048 的测试端口 T_1，则 8048 停止扫描，并以当前计数输出值作为按键的位置码，即按键扫描码。在 8048 端口 P_{21} 输出的键盘时钟 KBD CLOCK 的同步下，由

8048 端口 P_{22} 串行输出按键的扫描码，送往键盘接口电路。

8048 端口 P_{10} 接 KBD CLOCK 信号，用以不断地监视键盘时钟线的状态。主机可以通过键盘接口电路，使键盘时钟线为低电平。如果低电平超过 20 ns，则说明主机要进行键盘的软复位。这时，8048 执行软复位，并将 10101010（AAH）码送到主机，表示复位成功；否则，显示键盘故障代码。8048 端口 P_{11} 接 KBD DATA 信号，用以检测键盘数据线的状态。主机可以通过键盘接口电路控制其状态。当它为高电平时，表示键盘可以进行按键扫描码的传输；当它为低电平时，表示禁止传输。

标准键盘的接口电路，一般设在主机系统板上，通过一个 5 芯 DIN 插座与键盘螺旋状电缆的 5 芯 DIN 插头相连。插座的引脚布局如图 7.9 所示，各引脚定义如表 7.1 所示。

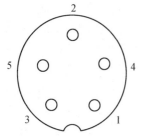

图 7.9　5 芯插座引脚布局

表 7.1　5 芯插座引脚定义

引　　脚	信 号 名 称	定　　义
1	CLK	双向时钟线
2	DATA	双向数据线
3	RES	复位线（不用）
4	GND	地线
5	+5V	电源线

由于键盘输入具有随机性，相对主机 CPU 是异步的，因此主机系统均以中断请求方式支持键盘的随机输入，即每当键盘接口电路从键盘收到串行的按键扫描码，并转换为并行的按键扫描码后，由键盘接口电路向主机 CPU 发出硬件中断请求。若主机 CPU 响应该中断请求，则主机 CPU 中断原先正在执行的程序，转而执行键盘中断程序，并在该中断程序的控制下，从键盘接口电路读取按键扫描码，转换为相应的 ASCII 码，保存在键盘缓冲区或仅设置某种键盘状态（如某控制键）。

标准键盘的接口电路如图 7.10 所示。

由图 7.10 可见，标准键盘接口电路主要由串/并转换移位寄存器（74LS322）、一个中断请求触发器、两个 D 触发器、可编程并行接口芯片 8255A-5 的 $PA_7 \sim PA_0$ 和 $PB_7 \sim PB_0$ 接口，以及一些门电路组成。

主机系统通过对可编程并行接口芯片 8255A-5 进行初始编程，使其并行端口 $PA_7 \sim PA_0$ 为输入，$PB_7 \sim PB_0$ 为输出，且均占用主机 CPU 的 I/O 端口地址，分别为 60H、61H 和 62H。因此，主机 CPU 可以通过编程 $PB_7 \sim PB_0$ 来实现对键盘接口电路的控制。这里可以控制键盘数据线和时钟线为不同的电平，以达到禁止键盘或允许键盘工作的目的。当编程使 $PB_6 = 0$ 时，键盘时钟线为低电平，禁止键盘输出；而编程使 $PB_6 = 1$ 时，键盘时钟线为高电平，则允许键盘输出。当电路中跨接 E_S 的中间接头连向 PB_2 时，若 $PB_6 = 1$，使键盘数据线为低电平，则禁止键盘输出；而若 $PB_2 = 0$，使键盘数据线为高电平，则允许键盘输出。实际使用中，系统一般设置 E_S 跨接线接地，PB_2 不起作用，所以不使用键盘数据线来封锁键盘输出。

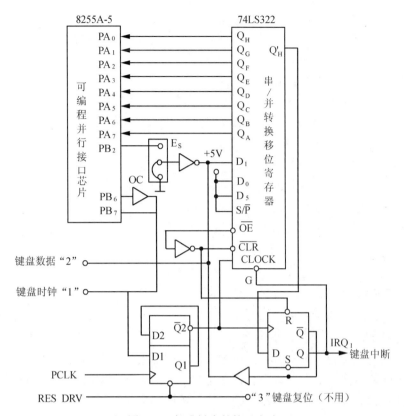

图 7.10　标准键盘的接口电路

下面简要介绍一下键盘接口电路的工作过程。

当键盘复位成功后，首先对 8255A-5 的端口 $PB_7 \sim PB_0$ 编程为 $PB_6 = 1$ 和 $PB_7 = 0$，使键盘时钟线为高电平，允许键盘输出，并开启中断请求触发器（使触发器的 $\overline{CLR}$ 清零端口为高），键盘进入正常工作状态。每当用户按下一个键开关时，键盘接口电路就按以下步骤进行操作。

🐋 步骤

① 来自键盘的时钟信号经系统外部时钟 PCLK（2.386 MHz，由主机系统板提供）的同步和 D 触发器（74LSl57）延迟和反相后，分别送到串/并转换移位寄存器（74LS322）的时钟端口（CLOCK）和中断触发器的时钟输入端口，作为它们的工作时钟。

② 74LS322 是带有符号扩展端口的 8 位移位寄存器。按图 7.10 中的连接方式连接 D_1、D_5 和 S / $\overline{P}$ 端口（均接 +5V），该芯片具有右移、保持和清除功能。即当寄存器允许端口 $\overline{G}$ 和输出允许端口 $\overline{OE}$ 均为低电平（有效）时，键盘的串行扫描码通过键盘数据线（5 芯 DIN 连接器插座的 2 脚）送到移位寄存器的 D_1 端口，并在时钟 CLOCK 的作用下，逐次右移到下一位，即 $Q_A \rightarrow Q_B \rightarrow Q_C \rightarrow Q_D \rightarrow Q_E \rightarrow Q_F \rightarrow Q_G \rightarrow Q_H$。移足 8 位时，将串行的扫描码转换为并行扫描码，保存在 $Q_H \sim Q_A$ 寄存器中。同时，Q_H' 输出高电平，输发送中断请求到触发器的 D 端口，使其置 "1"，产生键盘中断请求信号 IRQ_1。该中断请求的类型在系统中规定为 09H 类型中断。

③ 高电平的键盘中断请求信号 IRQ_1 一方面通过中断控制器 8259（设在主机系统板上）

向主机 CPU 发出中断请求信号（INTR）；另一方面使移位寄存器的允许端口 $\overline{G}$ 变为高电平（无效），使 74LS322 停止工作，以确保在本次中断未响应以前，移位寄存器不再接收新的扫描码。同时，通过 D 触发器的端口变为低电平和 OC 门迫使键盘数据线变为低电平，封锁键盘输出新的扫描码。

④ 当 IRQ_1 中断请求被主机 CPU 响应后，进入键盘中断程序（09H 类型中断）并执行。该程序主要完成以下工作。

a. 从 8255A-5 芯片的 $PA_7 \sim PA_0$ 端口读取并行口按键扫描码，进行相应的 ASCII 码转换或状态设定。

b. 使 $PB_7 = 1$，清除键盘接口，即使移位寄存器和中断请求触发器复位，准备接收下一个扫描码，并产生新的键盘中断。同时，通过中断触发器的 $\overline{Q}$ 端和 OC 门送出一个高电平的应答信号，表明已接收到键盘送来的扫描码，允许下一个扫描码传送。

c. 接着，$PB_7 = 0$，又允许键盘接口电路再次工作。

7.1.2　鼠标

1．鼠标的发展过程

鼠标是一种点击设备（Pointing Device），由于它的外形像老鼠，所以称之为鼠标（Mouse）。

第一个用于 IBM PC 的鼠标是 1982 年由 Mouse System 公司推出的。1983 年 Microsoft 公司推出了它的两钮微型计算机鼠标，还配置了专门的支持软件。鼠标向用户表明，它小巧玲珑，操作方便、自然，上面的键很少，使用方法易于掌握。使用鼠标可以增强或代替键盘上的光标移动键和其他键（如回车键）的功能，因而使用鼠标可以在屏幕上更快捷、更准确地移动和定位光标位置。随着 Windows 的日益流行，鼠标已成为键盘的一种最普遍、价廉的不可缺少的辅助设备。

2．鼠标的工作原理与结构

鼠标从工作原理区分主要有机电式和光电式两类。机电式可以在任何平面上使用，方便灵活，价格便宜，但是定位精度差，现在已经被淘汰。早期的光电式必须在专用的光栅板上使用，移动范围受到限制，不够普及，但这类鼠标的优点是定位精度较高。当今的光电式鼠标已经摆脱了光栅板，实现了自由移动，且随着技术突破价格也被大家接受。所以现在的鼠标基本都是光电式的。

（1）机电式鼠标

机电式鼠标的底部装有一个实心的塑胶滚动圆球，内部有两个相互垂直的滚轴靠在塑胶滚动圆球上，在两个滚轴的顶端各装有一个边缘开槽（或开窗格）的光栅轮，光栅轮的两侧分别安装发光二极管和光敏三极管，组成光电检测电路。当移动鼠标，塑胶圆球滚动时，会带动滚轴及其上的光栅轮旋转。因为光栅轮上的开槽处透光，未开槽的地方遮光，使得光敏三极管接收到的发光二极管发出的光线时续时断，而产生不断变化的高低电平，形成脉冲电信号。互相垂直的两个滚轴对应着显示屏幕平面上的横（X）轴和纵（Y）轴两个方向。脉冲信号的数量就代表着水平方向和垂直方向的位移大小。

（2）光电式鼠标

光电式鼠标的工作结构与机电式鼠标不同。它没有像机电式鼠标底部那样的塑胶圆球和滚轴。光电鼠标内部有一个发光二极管，通过它发出的光线，可以照亮光电鼠标底部表面（这是鼠标底部总会发光的原因）。此后，光电鼠标经底部表面反射回的一部分光线，通过一组光学透镜后，传输到一个光感应器件（微成像器）内成像。这样，当光电鼠标移动时，其移动轨迹便会被记录为一组高速拍摄的连贯图像，被光电鼠标内部的一块专用图像分析芯片（DSP，即数字微处理单元）分析处理。该芯片通过对这些图像上特征点位置的变化进行分析，来判断鼠标的移动方向和移动距离，从而完成光标的定位。

7.2 常用输出设备

输出设备是计算机系统中必不可少的组成部分，可以分为硬拷贝和软拷贝两种输出形式。由于软拷贝输出设备属于一次性投资，无日常耗材消耗，所以成为计算机系统尤其是个人计算机必备的输出设备。

显示设备的种类繁多，按其显示原理可以分为发光性和非发光性两类，按其工作原理可分为点阵式和扫描式两种。目前个人计算机使用的显示设备主要是彩色显示器（Cathode Ray Tube，CRT）和液晶显示器（Liquid Crystal Display，LCD）。

7.2.1 CRT 显示器

1. CRT 显示器的工作原理

CRT 显示器输出的是一幅画面，该画面是如何形成的呢？这可简单地归纳为：点→线→面。点（由电子枪发出的电子束）是组成图像的最基本单位，按照一定规律移动（扫描）的点形成了线（行），再由若干行组成一幅画面（一帧）。下面以单色 CRT 显示器为例说明其工作原理。

单色 CRT 显示器的基本结构如图 7.11 所示，单色（Monochrome）显像管只能发出一种颜色。它的基本结构由电子枪、偏转系统和荧光屏 3 部分组成。

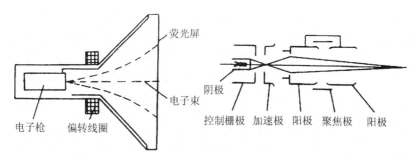

图 7.11　单色 CRT 显示器的基本结构

（1）电子枪

电子枪是能发射出一束很细的强度可控的高能电子束的显示器部件。电子枪由灯丝、阴极、控制栅极、加速极、聚焦极和高压阳极组成。

灯丝装在阴极套管里面，是加热阴极用的。当阴极被灯丝加热后，即可发射电子。控制栅极的作用是控制阴极发射的电子束到达荧光屏的数量。改变栅极相对于阴极的电位，就可以直接控制电子束的强弱，从而控制荧光屏上光点的亮暗。加速极的作用是控制阴极发射的电子束到达荧光屏的速度。通常在加速极上加有几百伏的正电压。如果不加正电压，则阴极发射的电子束就不能通过控制栅极的小孔，荧光屏也就不能发光。聚焦极用于调节阴极发射的电子束的聚焦程度。高压阳极上加有 9 ～16 kV 电压的强电场，以利于电子束的运动和提高荧光屏的亮度。

（2）偏转系统

偏转系统用以控制电子束在荧光屏上的上、下、左、右移动，以构成不同的字符、图形或图像。因为，由电子枪产生，并经聚焦的电子束只能固定在一个位置上。

偏转系统有静电偏转和磁偏转。为了实现大角度的偏转，CRT 显示器一般采用磁偏转系统。

磁偏转系统通常在 CRT 显像管的管颈外面，安装了相互垂直的水平（行）偏转线圈和垂直（场）偏转线圈。在偏转线圈中通以电流，形成磁场，电子束在磁场中运动时，由于受到磁场的作用，从而实现电子束的偏转。

在偏转系统的作用下，电子束在屏幕上有规律的运动称为扫描。计算机的 CRT 显示器一般采用光栅扫描，即把显示屏的左上角作为起点，通过偏转电路使电子束控制到左上角，然后让电子束沿水平方向，从左到右匀速地运动。电子束所经过的亮点连成一条直线，称为扫描一行，此为正扫过程。一行扫完，电子束光点再以极高的速度回到左上角的下一行的开始位置，回程时光点不亮，此为回扫过程。这一正扫和回扫过程构成一个水平扫描周期。之后，继续上述水平扫描周期，自上而下一行又一行，直到屏幕最末一行的右下角，一帧扫描完毕，迅速返回到左上角起点，同样回扫光点不亮，又开始下一帧。这一帧的正扫与回扫构成了一个垂直扫描周期。在不断地重复水平和垂直扫描周期过程中，除各回扫期间，通过水平和垂直消隐信号抑制电子束发射不形成亮点外，在整个正扫期间，可使显示形成一条一条水平扫描线，又称光栅。这种有规律的运动称为光栅扫描，如图 7.12（a）所示。

光栅扫描又分为逐行扫描和隔行扫描。逐行扫描是一行接一行地逐次扫描，一次扫描完成一帧画面。计算机显示器一般采用逐行扫描。隔行扫描是把一幅画面分为两次扫描，一次先扫描奇数行扫描线，形成奇场；另一次再扫描偶数行扫描线，形成偶数场。一个奇数场和一个偶数场构成一帧，电视机显示器一般都采用隔行扫描。

为了实现光栅扫描，必须使水平（行）偏转线圈和垂直（场）偏转线圈中通以线性变化的锯齿波电流，以便各自形成的磁场能控制电子束分别作水平和垂直方向的运动，如图 7.12（b）所示。

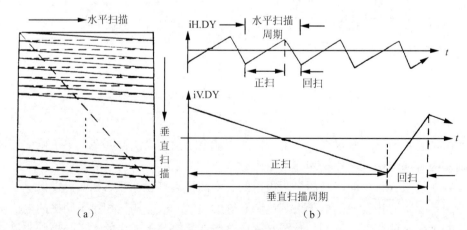

（a）   （b）

图 7.12   光栅扫描与扫描电流

（3）荧光屏

荧光屏是实现电信号转换为图像信号的器件。它是用沉积法将荧光粉涂敷在玻璃屏幕上制成的。涂敷不同的荧光粉，具有不同的荧光特性。不同的荧光粉在电子束的轰击下可以发出不同的颜色，常用的有白、绿、黄、琥珀色等。由于人的肉眼对绿色的灵敏度较高，且不易疲劳，所以在单色显示器中多采用绿色荧光屏。

荧光粉发光的总能量与其接收到的电子束的能量成正比。电子束的运动速度越快，电流密度越大，电子束停留时间越长，则该点的发光亮度就越高。

荧光屏在电子束停止轰击后，其发光有一个逐渐消失的过程，而不是立即消失。余晖时间就是指电子束停止轰击后，发光亮度下降到初始值的 1% 所需的时间。余晖时间小于 1 ms 的称为短余晖，在 1～100 ms 之间的称为中余晖，大于 100 ms 的则称为长余晖。CRT 一般多采用中余晖的荧光粉。

2. 彩色 CRT 显示器

（1）彩色 CRT 显像管

在彩色 CRT 显像管中有 3 条电子束，分别用来轰击红、绿、蓝 3 种颜色的荧光粉，使其发光。荧光屏上的每一像素点都由规则排列的 3 种荧光粉组成。为保证 3 条电子束能准确击中各自的荧光粉，在荧光屏前装有一个荫罩板，对应于每个像素点位置各有一个小孔。3 个电子束的入射角不同，所击中的荧光粉也相应不同。如图 7.13 所示给出了较先进的单枪 3 束彩色显像管的荫罩结构示意图。它的电子枪装有一字排开的 3 个阴极，相应的荧光粉也排成垂直的细条，3 色为一组，对应于一列像素点，荫罩板也呈垂直栅形。

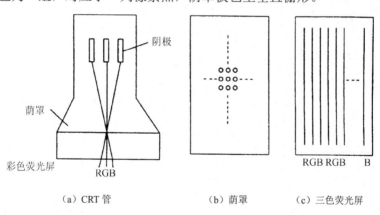

（a）CRT 管　　　　　　　（b）荫罩　　　　　　　（c）三色荧光屏

图 7.13　单枪 3 束彩色显像管的荫罩结构示意图

为了得到高分辨率，要求电子束能被聚焦得非常细，偏转定位必须很准确，并要求荧光粉颗粒很细，排列精度很高。在彩显中还要求荫罩板的精度很高，安装位置非常准确。

目前，常用微型计算机中的高分辨率彩色 CRT 显示器，分辨率已达 1 024 像素×768 像素，像素粒度为 0.28 mm。在要求更高的场合，所用彩显的分辨率可达 1 280 像素×1 024 像素以上。

CRT 荧光屏尺寸一般以对角线长度来表示。普通 CRT 显示器较多为 14 英寸或 17 英寸，而高分辨率图形/图像显示器则多用 19 英寸和 21 英寸等规格。

（2）彩色 CRT 显示器的基本组成

如图 7.14 所示，彩色 CRT 显示器主要由视频放大驱动电路、行扫描电路、场扫描电路、高压电路、CRT 显像管和机内直流电源 6 大部分组成。

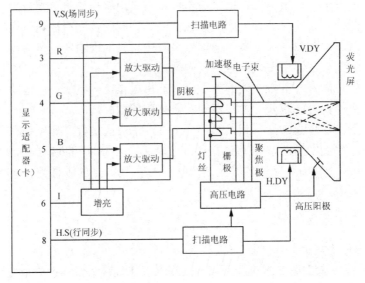

图 7.14　彩色 CRT 显示器的基本组成

视频放大驱动电路将主机经显示适配器（卡）送来的视频信号放大驱动后，送显像管的阴极，产生电子束轰击荧光屏而出现光点。由显示卡送来的行同步信号和垂直同步信号分别进入行扫描电路和场扫描电路，为 CRT 的水平（行）偏转线圈（H.DY）和垂直（场）偏转线圈（V.DY）提供有一定幅度和线性良好的锯齿波电流，产生垂直方向和水平方向的偏转磁场，控制电子束作水平和垂直方向偏转，以形成扫描光栅。

3．显示方式和显示标准

（1）显示方式

目前常见的各种显示系统主要有两种显示方式，即字符显示方式和图形显示方式。

① 字符显示方式。字符显式方式就是字母、数字显示方式 A/N（Alphabet/Number）。在字符显示方式下，常用的有两种显示模式，一种是每屏的"列×行"字符数为 40×25；另一种是 80×25。

② 图形显示方式。图形显示方式就是全点可寻址图形显示方式 APA（All Point Addressable）。在图形显示方式下，对于不同的显示模式，通常以每屏"列×行"像素的点数来区分。

不论是字符显示方式，还是图形显示方式，都有许多不同的显示模式。显示模式不同，屏幕显示的规格、分辨率和显示彩色的种类都有所不同。常见的标准如表 7.2 所示。这些显示标准都有相应的显示适配器（卡）来支持。

表 7.2　TVGA 显示标准

模　式	显示方式	字符规格	图形分辨率	颜　色	VRAM 地址
0，1	字符	40×25	—	16	B8000H
2，3	字符	80×25	—	16	B8000H
4，5	图形	40×25	320×200	4	B8000H
6	图形	80×25	640×200	2	B8000H

模　式	显 示 方 式	字 符 规 格	图形分辨率	颜　色	VRAM 地址
7	字符	80×25	—	单色	B0000H
0DH	图形	40×25	320×200	16	A0000H
0EH	图形	80×25	640×200	16	A0000H
0FH	图形	80×25	640×350	单色	A0000H
10H	图形	80×25	640×350	16	A0000H
11H	图形	80×25	640×480	2	A0000H
12H	图形	80×25	640×480	16	A0000H
13H	图形	40×25	320×200	256	A0000H
50H	字符	80×30	—	16	B8000H
51H	字符	80×43	—	16	B8000H
52H	字符	80×60	—	16	B8000H
53H	字符	132×25	—	16	B8000H
54H	字符	132×43	—	16	B8000H
56H	字符	132×60	—	16	B8000H
57H	字符	132×25	—	16	B8000H
58H	字符	132×30	—	16	B8000H
59H	字符	132×43	—	16	B8000H
5AH	字符	132×60	—	16	B8000H
5BH	图形		800×600	16	A0000H
5CH	图形		640×400	256	A0000H
5DH	图形		640×480	256	A0000H
5EH	图形		800×600	256	A0000H
5FH	图形		1 024×768	16	A0000H
60H	图形		1 024×768	4	A0000H
61H	图形		1 024×768	16	A0000H
62H	图形		1 024×768	256	A0000H

（2）显示标准

① MDA。MDA（Monochrome Display Adapter）指单色显示适配器，它是 IBM 公司 1981 年制定的微型计算机显示系统的第一个标准。这种适配器只支持字符显式方式，为黑白显示，不支持图形显示方式。

MDA 显示标准为模式 7（见表 7.2），其显示规格，字符显示方式为 80×25，相应像素为 720×350，字符块为 9×14，而字符点阵为 7×9。

这种适配器上配置的显示器缓冲区 VRAM 的规模为 4KB，绝对地址始于 B0000H，正好存放 1 帧字符显示信息。其中，偶数地址单元是字符的 ASCII 代码，奇数地址单元是字符的属性代码。

② CGA。CGA（Color Graphics Adapter）指彩色图形适配器，它是最早由 IBM 推出的彩色图形适配器，与 MDA 相比较，增加了彩色显示和图形显示功能。

a. 字符显示方式。

➢ 模式 0：40×25 字符显示，相应像素为 320×200，单色。

➢ 模式 1：40×25 字符显示，相应像素为 320×200，彩色（16 色）。

➢ 模式 2：80×25 字符显示，相应像素为 640×200，单色。

➢ 模式 3：80×25 字符显示，相应像素为 640×200，彩色（16 色）。

字符显示采用的字符块为 8×8，字符点阵为 5×7 或 7×7。

b. 图形显示方式。

➢ 模式 4：320×200 图形显示，彩色（4 色）。

➢ 模式 5：320×200 图形显示，单色。

➢ 模式 6：640×200 图形显示，单色。

这种适配器配置的显示器缓冲区（VRAM）的规模为 16KB，绝对地址始于 0B8000H。在 40×25 字符显示方式下，每屏可显示字符数为 1 000 个，对应地要在显示器缓冲区 VRAM 中占用 2KB，其中偶数地址单元为显示字符的 ASCII 代码，奇数地址单元为显示字符的属性代码。很显然，最多可同时存储 8 帧显示信息。而在 80×25 字符显示方式下，最多可存放 4 帧显示信息。在 320×200APA（图形）显示方式下，16KB 显示缓冲区共有 128 000 个二进制位，对应于 64 000 个显示像素点，正好可以用 2 位表示一个像素点，所以每一个像素点都能有 4 种颜色可供选择。而在 640×200 图形显示方式下，每一个像素点都用 1 位表示，所以只能显示两种色彩（黑或白），所以，在 APA 显示方式下，16KB 的显示器缓冲区全部用于存放一帧的图形信息。

③ EGA。EGA（Enhanced Graphics Adapter）指增强型图形适配器。因为，随着计算机图形应用的发展，最初的彩色图形适配器 CGA 的局限也越来越明显，于是推出了 EGA。它除能兼容 CGA 和 MDA 的所有功能外，还能在图形方式下，增加 4 种显示模式。这不仅使显示色彩的数目大大增加，而且使分辨率也有了提高。

下面是 4 种增加的模式。

➢ 模式 0DH：320×200 图形显示，16 种色彩。

➢ 模式 0EH：640×200 图形显示，16 种色彩。

➢ 模式 0FH：640×350 图形显示，单色。

➢ 模式 10H：640×350 图形显示，16 种色彩。

④ VGA。VGA（Video Graphics Array）是视频图形阵列。它兼容 EGA 所有标准模式。此外，它还增加了新的图形显示标准。

➢ 模式 11H：640×480 图形显示，2 种色彩。

➢ 模式 12H：640×480 图形显示，16 种色彩。

➢ 模式 13H：320×200 图形显示，256 种色彩。

VGA 与 EGA 比较，有许多优点。其分辨率由 EGA 的 640×350 增加到 640×480。VGA 以前的显示器，均采用数字信号输出接口，而 VGA 采用了模拟信号输出接口，这就使其显示色彩丰富多彩。

⑤ TVGA。TVGA 是一种高性能的彩色图形适配器，是超（Super）VGA 产品，它由 Trident 公司开发推出，所以称 TVGA。

国内流行的 TVGA，除了兼容 VGA 全部标准模式外，还新增加了若干字符显示和图形显示的新模式，可以获得更高的分辨率和更多的色彩选择。

表 7.2 列出了 TVGA 的显示标准。表中，前一部分（模式 0～7、0DH～13H）完全兼容 VGA，后一部分（模式 50H～5AH，5BH～62H）是 TVGA 新扩展的标准。由此可见，TVGA 能够支持最大的分辨率为 1024×768 和 256 种色彩的图形显示模式。

7.2.2　LCD 显示器

液晶显示因其具有智能化数字处理、数字显示、超薄超轻、小巧便携、健康环保（无辐射）和使用长寿命等优点而倍受青睐。目前，随着性价比的提高，液晶已逐步作为主流显示终端。

1．液晶显示器的原理

物质有三态，即固态、液态和气态，其实所谓的三态只是大致的区分，有些物质的固态可以再被细分出不同性质的状态。同样，液体也同样具有不同性质的状态，其中分子排列具有方向性的液体被称为液态晶体（Liquid Crystal，LC），简称液晶。

液晶显示器的显像原理是将液晶置于两片导电玻璃之间，靠两个电极间电场的驱动，引起液晶分子扭曲向列的电场效应，以实现控制光源透射或遮蔽功能。

液晶材料本身不发光，因此在显示屏两侧都设有作为光源的灯管，而在液晶显示屏背面设有一块背光板（或称匀光板）和反光膜，背光板是由荧光物质组成的可以发射光线，其作用主要是提供均匀的背景光源。

在彩色 LCD 面板中，每一个像素都是由 3 个液晶单元格构成，其中每一个单元格前面都分别有红色、绿色或蓝色的过滤器。这样，通过不同单元格的光线就可以在屏幕上显示出不同的颜色。

LCD 克服了 CRT 体积庞大、耗电高和闪烁的缺点，但也同时带来视角不广以及色彩还原不理想等问题。CRT 显示可选择一系列分辨率，而且能按屏幕要求加以调整，但 LCD 屏含有固定数量的液晶单元，所以只能在全屏幕使用一种分辨率显示（每个单元就是一个像素）。

2．液晶显示器的分类

常见的液晶显示器按物理结构分为四种，如表 7.3 所示。

表 7.3　常见液晶显示器的物理结构

中 文 名	英 文 名	简 称	属 性
扭曲向列型	Twisted Nematic	TN	无源矩阵 LCD
超扭曲向列型	Super TN	STN	无源矩阵 LCD
双层超扭曲向列型	Dual Scan Tortuosity Nomograph	DSTN	无源矩阵 LCD
薄膜晶体管型	Thin Film Transistor	TFT	有源矩阵 LCD

由表 7.3 可看出 TN、STN、DSTN 三种液晶都属于无源矩阵 LCD，它们的原理基本相同，不同之处是，各个液晶分子的扭曲角度略有差异而已，其中 DSTN（俗称"伪彩"）在早期的笔记本电脑显示器及掌上游戏机上广为应用，但由于其必须借用外界光源来显像，所以有很大的应用局限性。

TFT-LCD 的每个像素点都是由集成在自身上的 TFT 来控制的，它们是有源像素点。因此，不但反应时间可以极大地缩短；对比度和亮度也大大提高了；同时分辨率也得到了空前的提升。因为它具有更高的对比度和更丰富的色彩，荧屏更新频率也更快，所以被称为"真彩"。

3．液晶显示器的主要技术指标

（1）分辨率

LCD 是通过液晶像素实现显示的，但由于液晶像素的数目和位置都是固定不变的，所以液晶只有在标准分辨率下才能实现最佳显示效果。而在非标准的分辨率下，则是由 LCD 内部通过插值算法计算而得，因此画面会变得模糊不清。然而 LCD 显示器的真实分辨率与 LCD 的面板尺寸有关，15 英寸的真实分辨率为 1024 像素×768 像素，17 英寸为 1280 像素×1024 像素。从 19 英寸开始，宽屏显示方式开始流行，液晶显示器的分辨率和 CRT 显示器的分辨率就存在一定差异了。

（2）LCD 的点距

LCD 显示器的像素间距（pixel pitch）的意义类似于 CRT 的点距（dot pitch）。不过前者对于产品性能的重要性却没有后者那么高。CRT 的点距会因为遮罩或光栅的设计、视频卡的种类、垂直或水平扫描频率的不同而有所改变。LCD 显示器的像素数量则是固定的。因此，只要在尺寸与分辨率都相同的情况下，所有产品的像素间距都应该是相同的。例如，分辨率为 1024 像素×768 像素的 15 英寸 LCD 显示器，其像素间距皆为 0.297mm（亦有某些产品标示为 0.30mm）。

（3）波纹

波纹也称水波纹（Moire），和相位一样也是看不出来的，水波纹会在画面上显示出像水波涟漪一般的呈像结果，在一般的情况下很难看得出来，但是可以用全白的画面来检测，虽然不是很容易察觉，但是如果站的稍微和显示器有一些距离，仔细瞧一瞧就可以发现，水波纹也是可以调整的。

（4）响应时间

响应时间是 LCD 显示器的一个重要指标，它是指各像素点对输入信号反应的速度，即像素由暗转亮或由亮转暗的速度，其单位是毫秒（ms），响应时间是越小越好，如果响应时间过长，在显示动态影像（特别是在看 DVD、玩游戏）时，就会产生较严重的"拖尾"现象。目前大多数 LCD 显示器的响应速度都在 25ms 左右，一些高端产品响应速度已达到 16ms 甚至 15ms 的液晶。

（5）可视角度

可视角度也是 LCD 显示器非常重要的一个参数。由于 LCD 显示器必须在一定的观赏角度范围内，才能够获得最佳的视觉效果，如果从其他角度看，则画面的亮度会变暗（亮度减退）、颜色改变甚至某些产品会由正像变为负像。由此而产生的上下（垂直可视角度）或左右（水平可视角度）所夹的角度，就是 LCD 的"可视角度"。由于提供 LCD 显示器显示的光源经折射和反射后输出时已有一定的方向性，在超出这一范围观看时就会产生色彩失真现象。

（6）LCD 显示器的刷新频率

由于设计上的不同，LCD 显示器实际上并不会像 CRT 显示器因为刷新频率的高低而产生闪烁的状况。对于 CRT 显示器来说，刷新频率关系到画面更新的速度，频率越高画面越不容易闪烁，刷新频率一般在 75Hz 以上，尽量避免用户感到画面闪烁。

（7）亮度，对比度

亮度是以坎[德拉]每平方米（cd/m^2）为测量单位，通常在液晶显示器规格中都会标示亮度，而亮度的标示就是背光光源所能产生的最大亮度。一般 LCD 显示器都有显示 $200cd/m^2$ 的亮度能力，更高的甚至达 $300cd/m^2$ 以上。亮度越高，适应的使用环境也就越广泛。

目前提高亮度的方法有两种，一种是提高 LCD 面板的光通过率；另一种就是增加背景灯光的亮度，即增加灯管数量。这里需要注意的是，较亮的产品不见得就是较好的产品，亮度是否均匀才是关键，这在产品规格说明书里是找不到的。亮度均匀与否和光源及反光镜的数量与配置方式息息相关，离光源远的地方，其亮度必然较暗。

（8）信号输入接口

LCD 显示器一般都使用了两种信号输入方式，即传统模拟 VGA 的 15 针状 D 型接口（15 pin D-sub）和 DVI 输入接口。为了适合主流的带模拟接口的显卡，大多数的 LCD 显示器均提供模拟接口，然后在显示器内部将来自显卡的模拟信号转换为数字信号。由于在信号进行数模转换的过程中，会有若干信息损失，因而显示出来的画面字体可能有模糊、抖动、色偏等现象发生；现在拥有 DVI 和 VGA 接口的显卡比比皆是，价格也不高，所以建议使用 DVI 接口。

（9）LCD 的坏点

LCD 显示器最怕的就是坏点。所谓的坏点，就是不管显示器所显示出来的图像为何，LCD 上的某一点永远是显示同一种颜色（一般坏点以绿色及蓝色为多），检查坏点的方式相当简单，即只要将 LCD 显示器的亮度及对比度调到最大（让显示器成全白的画面），以及调到最小（让显示器成全黑的画面），就可以轻易找出无法显示颜色的坏点。

7.2.3　打印机

打印机是输出硬拷贝的常用设备，按用途可分为通用型和专用型两大类；按打印动作可分为打击式和非打击式；按字符成型又可分为点阵式和字模式。

1. 针式打印机

针式打印机属于打击式打印机，它使用一组打印针通过击打色带产生点阵图形，常简称为针打。目前在微型计算机中使用最广泛的是串行针打。所谓串行打印是指打印机按打印头的移动顺序，逐字打印出一行字符。

（1）文本模式和图形模式

针式打印机一般有两种工作模式：文本模式（字符方式）和图形模式。

① 文本模式。

常规文件是由字符组成的，所以文本模式又称字符方式。在这种方式中，主机向打印机输出字符代码，打印机则依据字符代码从其点阵字库中取出点阵数据，控制打印针打出相应字符。与图形方式相比，字符方式所需传送数据量少，占用主 CPU 时间少，因而效率较高，但所能打印的字符较少，一般限于 ASCII 字符集，类型变化也很有限。

现在的大多数针式打印机中，固化有多种标准西文字库，如印刷体、斜体、花体的英文、希腊文及常用符号等。主机可以通过约定的功能命令选择当前使用的字库，从而较快地实现变化。此外，打印机一般还能实现字符的放大、缩小、上下标字、反显、横置及加背景网纹等效果处理，有些能动态定义字符点阵数据。

② 图形方式。

在图形方式中，主机向打印机输出点阵图形数据，打印机控制器直接根据图形数据驱动打印针打出，即有一个"1"就打印出一个点。在这种模式下，CPU 能灵活控制打印机输出任意图形，从而可打印出汉字、图表、图形和图像等。但图形模式占用主机大量的时间，如果用于打印字符，则传送字符点阵图形所需的数据量远大于传送字符编码时的数据量。

③ 汉字打印。

汉字打印原则上属于图形模式，具体实现时有两种方法。一种是在主机内存有汉字点阵字库，先由主机将汉字编码转换为点阵数据，送往打印机，然后打印机再按图形方式进行打印。一般的打印机均可实现。

另一种方法是采用汉字打印机，其中除了固化标准的西文字库之外，还固化了常用汉字点阵字库。主机送出汉字编码，打印机根据汉字编码从汉字库中取出汉字点阵数据，驱动打印针打印。这种方式可认为是采用打印机内汉字字库，以文本方式打印汉字。在具有汉字打印功能的打印机中，一般包括 24×24 点阵的一级与二级汉字库，也有 32×32 点阵汉字库，通常为仿宋体字形，或具有多种字体。

（2）针式打印机的结构

针式打印机主要包括打印头、打印头水平运动机构、走纸机构、色带机构、检测报警机构、控制系统。

① 打印头。

打印头是针式打印机的关键部件，它由打印针、电磁铁、弹簧及导向机构等组成，如图 7.15 所示。

当需要打出某根针时，相应的电磁铁线圈中通过打印脉冲电流，产生电磁铁磁力，驱动该针击出。当脉冲电流消失后，打印针在复位弹簧的作用下缩回，准备下次击打。由于打印针的惯性较小，因而运动速度较固定字模的运动快得多。

打印头上有多根打印针，为了打印出紧凑的字形或图形，在击打处，即顶端，针尖的间距必须很小，但驱动打印针的电磁铁尺寸较大，所占空间较大。为此打印头采取如图 7.15 所示结构，各电磁铁、弹簧、针尾排成圆周形或左右两列，而各打印针通过导向机构在顶端排成紧凑的一列或交错排成两列。常见的有 9 针打印机与 24 针打印机两种基本类型，其排列结构如图 7.16 所示。

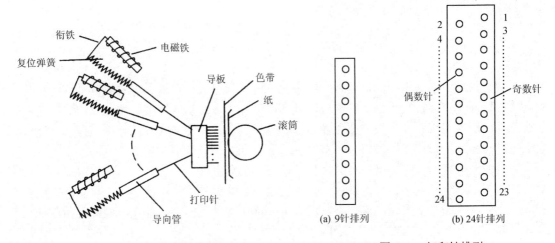

图 7.15　打印头结构示意图　　　　　　　　　图 7.16　打印针排列

在早期的 9 针打印机如 FX-100 中，将 9 根打印针排成纵向一列，每次同时打印一列。而在 24 针打印机中，因针的密度高，针数多，一般交错排成两列，偶数号针为一列，奇数号针为另一列。打印时，先打印一列针，然后将打印头水平移动一定间距，再打印另一列针。两次打印合成为完整的一列（24 针）。由于点的纵向间距非常小，甚至能相互覆盖一部分，所形成的图形轮廓连贯光滑，印字质量较 9 针打印机更高。采用这种方式，24 针打印机可实现所谓仿信函质量打印（Near Letter Quality，NLQ）。

② 打印头水平移动机构。

打印头每次只能打印一列，要打印出由多列组成的一个字符乃至一行字符或图形，打印头需要沿水平方向横移，以逐列进行打印。

打印头装在一个小车（称为字车）上，由步进电机驱动，可进行水平移动与精确定位。水平移动的步距越小，定位精度越高，则打印出的水平点距越小，密度越高。当然，如果步距比打印针针头直径小很多，则意义就不大了，所以步距通常与打印针针头直径有关。目前24 针打印机的步距大多在 1/360 英寸左右。

许多针式打印机都具有双向打印功能，即打印头从左向右运动过程中打印一行，然后从右向左返回时再打印下一行，这样就能充分利用时间，提高打印速度。

③ 走纸机构。

打印头本身只能沿水平方向横移，在打印一行的过程中，打印纸不动。在打印完一行后，走纸机构带动打印纸前/后移动，从而实现换行或换页。走纸机构一般由步进电动机、减速齿轮、导纸齿轮及滚筒等组成。走纸的步进长度决定了行距，一般可编程选择。走纸多个行距，可实现换页。

④ 色带机构。

色带通常由丝织带或塑胶带作为带基（载体），浸有油墨，构成闭合的环。在打印针的击打下，色带上的油墨每次转移一部分到打印纸上。若色带不动，经常打印处的油墨很快就会耗尽，使字迹变得模糊，而且色带也将被打破。所以色带机构让色带在打印过程中缓慢地循环移动，使整根色带被均匀地使用，可延长使用寿命。

色带的长度比打印宽度长许多倍，仅有当前使用的部分在打印头与打印纸之间通过，其余部分储存在色带盒中。带盒中一般还有上油机构，能部分补充色带在打印过程中油墨的耗损。在具有彩色打印方式的打印机中，色带机构还能上下调整色带，使用色带上不同色区，从而得到彩色打印效果。

⑤ 检测报警机构。

打印机中一般还包含缺纸、打印头过热和卡纸等检测报警机构，以灯光闪烁或蜂鸣声提醒操作人员注意，保护打印机不受损害。

⑥ 控制系统。

控制系统是打印机的核心部件，常见的结构模式是将打印机控制器设置在打印机内部，在主机内则设置一个通用接口作为打印机接口（适配器）。

2. 激光打印机

激光打印机随着性能不断提高和价格的下降，已成为常用的输出设备。由于激光打印机是集机、光、电技术于一体的设备，其内部工作过程的分析很复杂，鉴于篇幅所限，仅就基本工作原理和工作过程做一介绍。

（1）打印原理

激光打印机是非打击式打印机。打印原理在逻辑层面上与针式打印机相同，也是点阵成像。具体的成像技术是用激光束在感光鼓上扫描出潜像，再用碳粉显像，通过转印，移到纸上，最后加热定影而成。

感光鼓又称 OPC（Orgaic Photo-conductor）鼓，是一个旋转着的铝制圆筒，表面上涂敷了半导体感光材料，是激光打印机的关键部件之一。

　　潜像以电荷的形式暂存在感光鼓表面，其成像过程是：一方面，打印周期开始前，充电电极以高压对感光鼓充电，使感光鼓表面带上均匀的＋（正）电荷。另一方面，激光发生器经控制电路将所打印的字符或图像以激光束的形式发出，经反射、聚焦，打在感光鼓表面上，并进行扫描，扫描到的区域，感光鼓表面被曝光，受曝光的感光层被激光能量激活，相应的＋（正）电荷逃逸，形成了肉眼看不见的电子潜像，如图 7.17 所示。

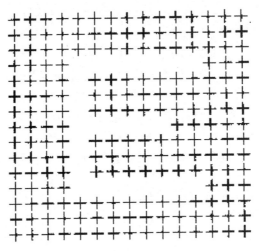

图 7.17　电子潜像示意图

　　感光鼓继续旋转，潜像进入显像区。由于碳粉带电，极性和感光鼓表面的电荷相同，同性相斥，不粘色粉。只有逃逸了电荷的区域，即潜像区，能吸附上碳粉，达到显像的目的。这时，感光鼓表面上已经可以看到要打印的文字和图像。感光鼓继续旋转，就进入了转印区，纸的背面有转印电极，给纸充上与碳粉电荷极性相反，电荷量大于感光鼓表面的电荷，从而吸引感光鼓上的碳粉，把形成文字和图像的碳粉转移到纸上，实现了转印。这时，落在纸上的碳粉并不牢固，称之为浮像。所以，输纸机构还要把它输送到定影区去，经过加热，把碳粉中的树脂熔化，色粉渗入纸纤维中，形成永固的打印成品。

　　碳粉又称墨粉，实际是由石墨、树脂等若干种精细粉末混合而成的。碳粉还用在复印机、传真机等设备中，但与激光打印机中用的碳粉是不同的。碳粉分正极性和负极性两类，还根据不同的打印机分 CX、SX、PX、LX、EX、BX、NX 等，不能用错。

　　激光打印技术的清晰度取决于每英寸像素点的数量（分辨率），一般有 300dpi、600dpi、1 200dpi 等。打印速度以每分钟打印的页数计算。

　　（2）小型激光打印机的使用

　　这一类激光打印机，结构比较简单，一般速度不太高，价格也低廉得多，适合办公室使用。目前，从政府机关，企、事业单位，到个人用户，国内使用这一类激光打印机的用户日益增多。打印使用页式纸，如标准 A4 纸、A3 纸等，也可以打印 16 开纸、信封等。打印速度一般为每分钟 5～20 页不等，分辨率可以达到 300～1200dpi 不等。

　　① 硬件安装。

　　安装硒鼓。不要打开感光鼓的保护性盖，避免让硒鼓暴露在室内光线下的时间过长。如果硒鼓暴露在光线下的时间过长，则可能会导致打印页上出现不正常的明暗区域，还可能会缩短硒鼓的使用寿命。

　　② 打印机与计算机连接。

首先确保打印机和计算机的电源都已关闭。对于小型激光打印机，一般有两种接口，即USB 接口和并行接口。可按要求将并行接口电缆或 USB 接口电缆连接到打印机上。

③安装打印机驱动程序。

打印机驱动程序由厂商提供，可按提示步骤完成。

（3）激光打印机的维护

大部分激光打印机使用可更换的墨盒，墨盒内部不但装有新墨粉，还有新的硒鼓和显影轧辊。更换墨盒时，大多数主要部件也随之更换，这一点与激光复印机类似。由于使用可更换墨盒，因此一般不需要专门的维护人员对机械部件进行调整。

激光打印机最常见的故障是卡纸。遇到这种故障，控制板上的指示灯会发亮，并向计算机返回一个报警信号。排除这种故障只需打开打印机上盖，取下被卡的纸张即可。但要注意，必须按进纸方向取纸，不可逆着进纸方向或者反方向转动任何旋钮。如果经常卡纸，就应检查进纸通道，纸的前部边缘应该刚好在金属板的上面。有些激光打印机当纸张在盛纸盘内位置过低时也会卡纸。

厂家列出的特性能反映出墨盒的可能使用期限。早期激光打印机墨粉盒的使用寿命为3 000 页，现在新产的打印机墨粉盒的使用寿命长得多。当打印墨盒快终结时，打印纸上的字迹会模糊不清，这种情况可能是由两种原因造成的：一是墨粉快要用完了，此时可加相同型号的墨粉或更换硒鼓；二是硒鼓上的感光材料已经快要失效了，此时只能更换墨盒。当然也可用非常规方法修复硒鼓，但打印效果要差很多，且寿命也不长久。一般激光打印机装有指示灯，会提示是何种原因引起的。

要给用完后的墨粉盒装入新鲜的墨粉，可在墨盒上用电烙铁烫出两个小洞，其中一个用于装入新墨粉，另一个倒出已用过的墨粉。新墨粉装好后，要用蜡或胶带将口封住。当然，也可通过其他方法加墨粉，如拔插销等。多数激光打印机的墨粉都不通用，因此，更换的墨粉型号最好和原装墨粉的型号相同。如果选型不当，墨粉就粘在轧辊上，引发其他故障。原装墨粉盒应有一个新的定影轧辊清扫器，旧清扫器上的残渣将会影响清扫功能，并且其润滑油也用完了。因此，若要更换墨粉盒，一定要同时更换清扫器和轧辊。

激光打印机所用的纸张与复印机用纸完全通用。现在有专用激光打印纸出售，这类纸表面涂有一层增白剂，能使打印的墨粉紧贴在纸面上，用这种纸可获得更好的打印效果。不要选太光滑或表面有纹路的纸张，这类纸张虽不损坏打印机，但清晰度差，不能获得满意的效果。

激光打印机内部电晕丝上电压高达 6kV，不要随便接触，以免造成人身伤害。大多数激光打印机上都装有一些安全开关，还有不少熔断器和自动电路保护装置，以便对一些重要的部件进行保护。定影轧辊在打印机出纸通道的尽头，正常操作时，不可触及轧辊，以免烫伤。

打印机中的激光也具有危险性，激光束能伤害眼睛，当正常运转时，切不可用眼睛朝打印机内部窥看。

机器出故障时，通常会反映在打印的材料上，如打印字迹变淡，纸上出现污点、脏印迹等，用户可以从这些迹象中判断打印机有何故障。

7.3　外部存储设备

外部存储设备是内存的延伸和后援，已经是计算机系统中不可缺少的组成部分。由于使用了新材料和新工艺，外部存储设备的性价比不断提高，高速度、大容量的外部存储设备使用得相当广泛。

7.3.1 磁表面存储原理

1. 磁头和磁记录介质

磁表面存储器的存储介质是一层仅有数纳米（nm），甚至不到 1 nm 厚的矩磁材料薄膜，所以称为磁表面存储。矩磁材料具有矩形磁化曲线特性，充分磁化后，剩磁密度接近于饱和磁通密度，可利用它的不同剩磁状态来存储信息。磁表面存储原理如图 7.18 所示。

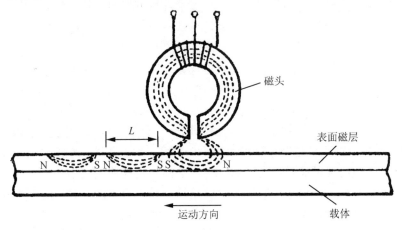

图 7.18　磁表面存储原理

这层磁膜需依附在某种载体（基体）之上，根据载体的形状可分为磁盘、磁带和磁卡。根据载体的性质，磁膜又可分为软性载体和硬性载体。在磁带和软磁盘中，使用软性载体，一般为塑料，允许磁头与介质间采用接触式读/写，并使磁带可卷成带盘形。在硬磁盘中，使用硬性载体，一般为硬质铝合金片，或玻璃、工程陶瓷等。在读/写时要求磁头采取浮动式，不与盘面接触。

在软盘片的制造中，将磁记录材料用特殊工艺处理，制成极细的颗粒，然后涂敷在盘面上。在硬盘中要求更高，采用电镀工艺，甚至溅射工艺，在盘面上形成更细密、均匀、光滑的磁膜。

磁头是实现信息读/写的部件，通过电磁转换进行写入，通过磁电转换进行读出。磁头用软磁材料制成，要求磁导率高、饱和磁感应强度高、剩磁小、矫顽力小，硬度高、电阻率高、高频特性好、对温度变化不敏感。常用的磁性材料主要有两类，一类是金属软磁材料，如坡莫合金。这种合金磁导率高、饱和磁感应强度高、矫顽力小、但硬度不够高、使用寿命短，且电阻率低、高频特性差，因而不适于高记录密度，常用于音频信号记录。另一类材料是铁氧体，虽然磁导率和饱和磁感应强度较低，但电阻率很高、高频损耗很小，能满足高密度记录的要求，广泛应用在磁表面存储器中。

采取传统工艺制造的磁头几何尺寸较大，且较重，不利于磁头寻道速度的提高。而且硬盘采取浮动式磁头工作方式，即要求磁头能在气垫作用下浮空于盘面之上。另外，硬盘中常采用多盘片叠装，需将磁头伸入到两个盘片之间，因此希望磁头体积尽量小，厚度尽量薄，质量尽量轻。因此在硬盘中广泛采用一种"薄膜"磁头，用类似于半导体工艺的淀积和成形技术，在基板上形成导磁薄膜和导电薄膜，再利用蚀刻技术在导电薄膜上刻出一个平面螺旋式线圈,从而形成一个薄膜磁头。这种磁头体积小、质量轻、尺寸精确、高频性能好,其重量仅为常规磁头的几十分之一。

如前所述,按磁头与磁介质之间接触与否,可分为接触式与浮动式两种。在磁带和软盘中,由于基体是软质材料,只能采用接触式。它的结构简单,但会因磨损而降低磁头与记录介质的使用寿命。在硬盘中,由于基体是硬质材料,必须减小磨损(特别是记录区),而且盘片旋转速度较高,因此采用浮动式磁头。如图 7.19 所示,工作时硬盘片高速旋转,带动盘面表层气流形成气垫,使质量很轻的磁头浮起,与盘面之间保持一极小的气隙(几分之一纳米),磁头不与盘面接触。由于在硬盘中采用浮动式磁头,所以在关闭计算机电源后不能马上开机,必须待硬盘片旋转停止后才能开机,以免划伤盘面。

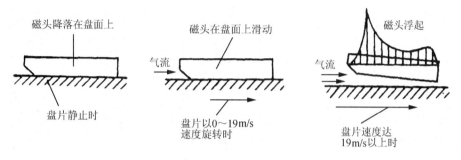

图 7.19 浮动式磁头原理

2. 读/写原理

在读/写过程中,记录介质与磁头之间相对运动,一般是记录介质(带、盘)运动而磁头不动。为了写入不同信息(0、1),按一定的编码方法(磁记录方式)把信息转换成磁化电流,通入磁头线圈,使信息磁化写入介质。如图 7.20 所示给出了读/写示意图。

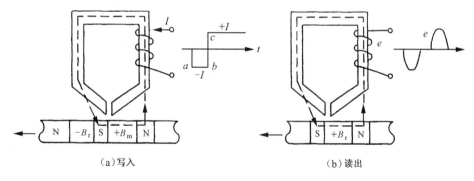

图 7.20 读/写示意图

如图 7.20(a)所示,记录介质向左运动经过磁头之下,如此时磁头线圈中流过磁化电流,则所产生的磁通将从磁头顶端进入记录介质,然后流回磁头,形成一回路;于是在磁头下方的一个局部区域被磁化,磁通进入的一侧为 S 极,流出的一侧为 N 极。如果磁化电流足够大,则可使磁化区的中心部分达到饱和磁化。当这部分介质移出磁头作用区后,仍将留下足够强的剩磁,如图 7.20(a)中的 ab 段所示。改变磁化电流方向,则留下的磁化区磁化方向相反,如图 7.20(a)所示,在不同方向的磁化区间将留下一个转换区。

读出时,已存入信息的记录介质经过磁头下方,如图 7.20(b)所示,此时磁头线圈不外加电流。当介质上的磁化区经过磁头下方时,磁场将使磁通流经记录介质与磁头,形成闭合回路。当转变区经过磁头时，由于磁化方向与磁感应强度发生变化，将在线圈中产生感应电势，感应电势方向与磁通变化方向有关，而幅值则取决于磁通变化量。按照约定的磁记录编码方式，可根据读出信号 e 判定介质的磁化状况，从而可读出介质中所记录的信息是 0 还是 1。

根据上述读/写原理，可以得知磁表面存储器的以下一些特点。

① 利用不同剩磁状态来存储信息，因而在断电后不会丢失，允许长期脱机保存。

② 利用电磁感应获得读出，因而读出过程不会破坏磁化状态，属于"非破坏性读出"，不需重写，可以一次写入，多次读出。

③ 重新磁化可以改变记录介质的磁化状态，即允许多次重写。

④ 数据的读/写属于顺序存取方式。

⑤ 在机械运动过程中读/写，因而读/写速度较纯电子电路的主存要慢，可靠性也较主存差些。

7.3.2　硬磁盘存储器

1．温彻斯特技术

目前在微型计算机中，所使用的硬盘均为温彻斯特磁盘机（Winchester Disk Drive），简称温盘。这里简要地介绍一下温彻斯特技术（Winchester Technology）。

这是一种可靠性高的大容量硬磁盘技术。此技术于 1968 年提出，并于 1973 年首次应用在 IBM 3340 型磁盘机中。温彻斯特是 IBM 3340 磁盘产品的公司内部名称。

温彻斯特技术是当前磁盘技术发展的主流。至今，它已经历了数据模件和头盘组件两个发展阶段。其基本特征是：

① 采用组合件方法消除影响磁头定位精度的机械变动因素。

② 采用密封的防尘结构，减小浮动高度和有效记录磁道宽度。

③ 采用体积小、质量轻、负荷小的磁头和表面润滑磁盘，使磁头可靠地按接触起停方式在小浮动高度下工作，从而消除磁头集中加载对盘面的冲击可能引起的头盘损伤。

④ 采用薄的高性能磁盘媒体提高读/写性能。

⑤ 采用读/写集成电路，并尽可能地把它安装在靠近磁头处，以改善高频信号的传输质量。这一切，对于提高磁盘机的性能价格比起到了重要的作用。

2．几个常用术语

（1）磁道

每个记录面上只有一个磁头工作，或是写入，或是读出。在进行读/写时，磁头固定不动，盘片高速旋转，磁化区构成一个闭合圆环，称为磁道，所存入的数据就记录在这个磁道中。当磁头沿盘片的径向移动一小段距离后，再次进行写入，又形成另一条磁道。这样，在盘片上的一条条磁道形成一组同心圆，最外圈的磁道为 0 号，往内则磁道号增加。驱动器中装有霍尔传感器，盘片每旋转一周（主轴旋转一周），传感器发出一个脉冲，称为索引脉冲，标志磁道的起点。

（2）柱面

一台硬盘驱动器中可装入一个盘组，它有多个盘片，每片有两个记录面，各记录面上相同编号（位置）的诸磁道构成一个柱面。例如，某驱动器有 4 片 8 面，则 8 个 0 号磁道构成 0 号柱面，8 个 1 号磁道构成 1 号柱面等，依次类推。硬盘的柱面数等于一个记录面上的磁道数，圆柱号即对应的磁道号。

（3）数据块/扇区

一条磁道上可存储大约几十千字节的数据，往往划分为若干个数据块。按磁道记录格式，硬盘有定长数据块格式与不定长数据块格式两类。在微型计算机中大多采用定长数据块格式，相应地将一条磁道划分为若干扇区，每个扇区存放一个定长数据块。

一个磁道划分多少扇区，每个扇区可存放多少字节，一般由操作系统软件所决定。

磁盘的存储容量有两种指标，即非格式化容量与格式化容量。前者是格式化之前的总存储容量，后者是写入格式化信息后用户实际可用的存储容量。除了格式化信息本身需占去一些空间外，各扇区之间还需留出一定间隔。所以格式化之后的有效存储容量要小于非格式化容量。

显然，用户真正关心的磁盘容量指标是格式化容量；通常在配置说明中给出的是格式化容量。硬盘的容量以往以兆字节，即 MB 为单位，1MB 即 1 024KB。目前广泛使用的大容量硬盘通常使用吉字节，即 GB 为单位（1GB＝1 024MB）。

（4）接口标准

① IDE 接口（Integrated Drive Electronics）。

常见 2.5 英寸 IDE 硬盘接口的本意是指把"硬盘控制器"与"盘体"集成在一起的硬盘驱动器。IDE 代表着硬盘的一种类型，但在实际应用中，人们也习惯用 IDE 来称呼最早出现的 IDE 类型硬盘 ATA-1，这种类型的接口随着接口技术的发展已经被淘汰了，而其后发展分支出更多类型的硬盘接口，比如 ATA、Ultra ATA、DMA、Ultra DMA 等接口都属于 IDE 硬盘。其特点为价格低廉、兼容性强、性价比高、数据传输慢、不支持热插拔等。现在已经全部退出历史舞台。其接口形状如图 7.21 所示。

图 7.21　IDE 硬盘接口

② SCSI 接口（Small Computer System Interface）。

SCSI 并不是专门为硬盘设计的接口，是一种广泛应用于小型机上的高速数据传输技术。SCSI 接口具有应用范围广、多任务、带宽大、CPU 占用率低，以及热插拔等优点，但较高的价格使得它很难如 IDE 硬盘般普及，因此 SCSI 硬盘主要应用于中、高端服务器和高档工作站中。其特点为传输速率高、读写性能好、可连接多个设备、可支持热插拔，但是价格相对来说比较贵。其接口形状如图 7.22 所示。

③ SATA 接口（Serial Advanced Technology Attachment）。

使用 SATA 接口的硬盘又称串口硬盘，是如今微型计算机硬盘的主流。Serial ATA 采用串行连接方式，串行 ATA 总线使用嵌入式时钟信号，具备了更强的纠错能力，与以往相比其最大的区别在于能对传输指令（不仅仅是数据）进行检查，如果发现错误会自动矫正，这在很大程度上提高了数据传输的可靠性。串行接口还具有结构简单、支持热插拔的优点。其接口形状如图 7.23 所示。

图 7.22　SCSI 硬盘接口

图 7.23　SATA 硬盘接口

④　SAS 接口（Serial Attached SCSI）。

即串行连接 SCSI 接口，是新一代的 SCSI 技术，和现在流行的 SATA 接口硬盘相同，都是采用串行技术以获得更高的传输速度，并通过缩短连接线改善内部空间等。SAS 是在并行 SCSI 接口之后开发出的全新接口。其传输速率比 SATA 要快很多。此接口的设计是为了改善存储系统的效能、可用性和扩充性，并且提供与 SATA 硬盘的兼容性。其接口形状与 SATA 接口非常类似，其区别如图 7.24 所示。

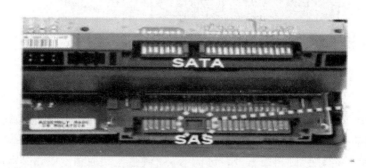

图 7.24　SAS 硬盘接口与 SATA 的区别

⑤　光纤通道接口（Fibre Channel）。

其最初设计不是为了硬盘设计开发的接口，是专门为网络系统设计的，但随着存储系统对速度的需求，才逐渐应用到硬盘系统中。光纤通道的主要特性有热插拔性、高速带宽、远程连接、连接设备数量大等，它隶属于网络存储的范畴。其接口形状如图 7.21 所示。

（5）平均寻道时间（Average Seek Time）

硬盘的平均寻道时间往往随硬盘容量的增加而减少。硬盘的寻道时间（Seek Time）是硬盘在盘面上移动读/写磁头至指定的磁道所用的时间。硬盘的平均寻道时间，反映了硬盘磁头的移动定位速度，直接影响硬盘的访问速度。

（6）平均等待时间（Average Latency）

硬盘的等待时间是指磁头已处于要访问的磁道上，等待要访问的扇区旋转至磁头下方的时间。

（7）平均访问时间（Average Access Time）

硬盘的平均访问时间越短，表明其访问速度越快。硬盘的访问时间也称存取时间，是指磁头从起始位置到达目标磁道位置，并且从目标磁道上找到要读/写的数据扇区所需的全部时间。它包括寻址时间和等待时间。寻址时间又称寻道时间，即磁头移动到目标磁道的时间。等待时间即需要存取的数据扇区旋转到磁头下方所需的时间。

平均访问时间等于平均寻址时间与平均等待时间之和，即：

$$平均访问时间 = 平均寻址时间 + 平均等待时间$$

（8）数据传输速率（Data Transfer Rate）

硬盘的数据传输速率越高，表明其传输数据的速度越快。

硬盘的数据传输速率也称吞吐率，它表示在磁头定位后，硬盘读或写数据的速度。它由两部分构成：

外部传输速率（External Transfer Rate）或接口传输速率，即微型计算机系统总线与硬盘缓冲区之间的数据传输速率。突发数据传输速率与硬盘接口类型和硬盘缓冲区容量大小有关。

内部传输速率（Internal Transfer Rate），是指磁头到硬盘高速缓存之间的数据传输速度，是影响硬盘整体速度的关键。当运行一个应用程序时，系统会读取相应的文件并执行，由于文件都保存在硬盘上，且硬盘的读/写速度相对于 CPU、内存、系统总线来说是最低的，因此，硬盘数据传送速率的高低直接决定了微型计算机整机的性能。又由于硬盘的外部数据传输速率远远高于其内部数据传输速率，所以，提高硬盘的内部数据传输速率对系统的整体性能的提高，有最直接、最明显的影响。

（9）硬盘高速缓冲存储器

与主机的高速缓存相似，硬盘也通过将数据暂存在一个比其磁盘速度快得多的缓冲区来提高速度，这个缓冲区就是硬盘的高速缓存。高速缓存对大幅度提高硬盘的速度有着相当重要的意义。从理论上讲，高速缓存越大越好，但如果大于 512KB，则会使成本过高，失去实用价值。常用硬盘的高速缓存为 64～512KB。

（10）硬盘主轴转速

硬盘的主轴旋转速度（Spindle Speed）说明盘片转动的快慢。主轴旋转速度按每分钟转数来度量。常见的是 5400r/min 或 7200r/min。

内部传输速率主要依赖硬盘的主轴旋转速度。较高的转速可缩短硬盘的平均寻道时间和实际读/写时间，从而提高硬盘的运行速度。

以上所列的术语是在选购硬盘存储器时经常遇到的，对于评价及合理选购硬盘存储器可能会有些帮助。

7.3.3　光盘存储器

光盘是以光信息做为存储的载体并用来存储数据的一种存储器。分为不可擦写光盘（如 CD-ROM、DVD-ROM 等）和可擦写光盘，（如 CD-RW、DVD-RAM 等）。光盘是利用激光原理进行读、写的设备，可以存放各种文字、声音、图形、图像和动画等多媒体数字信息。在快速磁存储价格居高不下的时代，各类光存储应用广泛。但是，随着 U 盘、移动硬盘、固态硬盘价格的降低，光存储因为其不方便保存携带和存储量有限等问题逐渐退出了历史舞台。

光盘存储器的功能部件组成与磁盘存储器相似；在系统组成上分为光盘驱动器、光盘盘片；采用的接口标准也与磁盘接口标准相同。

1．光盘的存储原理

写入操作：被记录信息调制的激光束聚焦到存储介质上，能量集中在直径为 1nm 以下的细微光点上，利用激光对存储介质的光效应或热效应，使被照射部分的反射率发生变化。根据照射前后的两种不同状态，以及与此相对应的反射率强弱，作为二进制数的"1"和"0"。

读出操作：用低功率的激光束扫描信息轨道，由光电检测器检测其反射率的变化，从而解调出信息。

由于光盘中的数据是以光的反射率变化的方式存放的，所以称为光道。光盘上的光道与磁盘上的磁道不同，它是一条螺旋线，这与老式唱片上的音迹类似。不过唱片上的音迹开始于唱片的外沿，逐渐向中心靠近，而光盘上的螺旋线开始于光盘中心，逐渐向外沿展开。

2．光盘驱动器

光盘驱动器由光盘托架、升降机构、光盘旋转主轴、主轴电动机、光学头、光学头驱动/定位系统和读/写电路等主要组成部分。其中，主轴电动机是无刷直流电动机，保证光盘的高速旋转；光学系统分固定部分和移动部分，固定部分有激光光源，读、写、擦光路；移动部分有聚焦透镜、跟踪反射镜、小车和导轨等，由直线电动机驱动，又称光学头。

各类激光存储器中的光学系统大同小异，一般都采用半导体激光器做光源，又称为激光二极管。光学系统有用一个光源、一套光路的，如只读式、一次写入式和直接重写式相变光盘存储器；也有用两个光源、两套光路的，如可擦重写式，一套用于读/写，另一套用于擦除。

7.3.4　固态盘存储器

固态盘存储器 SSD（Solid State Disk）是由半导体电路组成的可移动存储器。其最大特点是没有盘片一类部件，也没有一般磁盘驱动器的磁头和转动机构。固态盘是一种非易失性半导体存储器。之所以称它为"盘"，是因为它在功能上模拟硬磁盘，其外部输入/输出功能和标准磁盘一样，存储单元以块编址。由于没有机械动作，固态盘访问数据块的定位速度比普通磁盘快千倍。固态盘还有功耗低、无噪声、质量轻及抗振动等优点。

在计算机系统中，随着 CPU 处理速度的不断提高，它与 I/O 设备之间的速度差形成了瓶颈，严重阻碍了系统性能的进一步提高。例如，主存的存取时间约为 500 ns，普通磁盘的速度为 10～20ms，两者速度差数万倍。因为固态盘采用半导体技术，它的速度接近主存而容量接近磁盘。看今后的发展，SSD 很有可能取代磁盘。

所谓非易失性，即在掉电以后不丢失信息。而一般半导体存储器，例如 Cache、RAM 等，是不具备这种性能的。20 世纪 90 年代开发的 Flash Memory 是既具有 ROM 一样的非易失性，又可联机快速电擦除的存储器，因此被称为快闪存储器、闪速存储器或者快速擦写存储器。

固态盘一般采用 EPROM、EEPROM 和 Flash 技术，最新成果是铁电 RAM（FRAM），被认为是非易失性 RAM 中最好的产品。它既有 DRAM 的高密度、低成本，又有 SRAM 的速度和 EEPROM 的非易失性等优点。FRAM 是最有前途的非易失性存储器器件。

快速擦写存储器的主要优点是体积小，功耗低，有利于计算机系统的小型化。例如，在笔记本型、便携型、膝上型和掌上型，其他如微型计算机的 BIOS 和与计算机有关的移动通信设备、办公设备及医疗设备等应用中，都使用了这一技术成果。另外，由于固态盘存储器没有机械运动部件，比传统的磁盘、磁带存储器更能承受温度、振动和冲击，因此它在军用方面，在宇航领域和其他恶劣环境条件下的计算机应用领域中受到高度重视。目前，影响快速擦写存储器广泛应用的主要障碍是它的成本较高。

本章小结

本章介绍了几种常用输入设备的作用和基本工作原理。读者应重点掌握其结构和特点。另外，还介绍了输出设备如显示器、打印机、外部存储设备等的基本结构和基本工作原理。同时介绍了软盘、光盘的有关概念和技术。

习题 7

1. 请简要解释下述名词。

I/O 设备、外部设备、有触点式键开关、无触点式键开关、鼠标、编码键盘、非编码键盘、串行打印、光栅扫描、字符显示方式分辨率、图形显示分辨率、磁表面存储器、磁记录编码方式、磁道、柱面、扇区、磁道格式、格式化、格式化容量、平均寻道时间、数据传输速率、温彻斯特技术、硬盘、CD-ROM。

2. 简述鼠标的工作原理。

3. 简述 CRT 显示器的成像原理。

4. 什么是显示器的显示方式和显示标准？

5. LCD 显示设备有哪些优点？

6. 请说明液晶显示器的主要技术指标。

7. 什么是打印机文本模式和图形模式？怎样实现这两种打印模式？

8. 访问硬盘时，应送出哪些寻址信息？

9. 光道与磁道有何异同之处？

10. 磁盘的速度指标有哪几项？简述它们的含义。

11. 硬盘接口标准有哪些？

12. 简述激光打印原理。

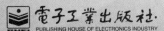